ro
ro
ro

Stephan Reich, 1984 geboren, lebt als freier Journalist und Autor in Frankfurt am Main. Seine Texte werden in Zeitschriften und Anthologien veröffentlicht, und er war mehrmals Finalist beim Open Mike. 2014 erschien sein Lyrikband «Everest», 2016 sein Roman «Wenn's brennt».

Maximilian Graf, 1996 geboren, studiert Mathematik an der Humboldt-Universität zu Berlin.

2018 erschien «Die Berechnung der Blutgrätsche», das erste Buch der beiden Autoren mit unterhaltsamen Textaufgaben.

«Selten hat man sich Mathematik mit einem solchen Vergnügen genähert wie im Falle dieses Taschenbuchs.»

FC Bayern-Magazin über
«Die Berechnung der Blutgrätsche»

Stephan Reich mit Maximilian Graf

Addition ist auch keine Lösung

99 kuriose Matheaufgaben

Mit Illustrationen von Katharina Noemi Metschl

Rowohlt Taschenbuch Verlag

Originalausgabe
Veröffentlicht im Rowohlt Taschenbuch Verlag, Hamburg, Juni 2020
Copyright © 2020 by Rowohlt Verlag GmbH, Hamburg
Redaktion Bernd Schuh
Covergestaltung zero-media.net, München
Coverabbildung Katharina Noemi Metschl
Satz Thesis bei Pinkuin Satz und Datentechnik, Berlin
Druck und Bindung CPI books GmbH, Leck, Germany
ISBN 978-3-499-63364-5

Inhalt

Vorwort

Die Mathematik, so heißt es ja immer mal wieder, ist die Sprache des Universums. Das klingt natürlich arg esoterisch, ist aber gar nicht so falsch, schließlich lassen sich mit dieser Sprache die erstaunlichsten Dinge benennen. Die Geschwindigkeit von Licht, die Masse eines schwarzen Lochs, oder, glaubt man diesem Buch, die Wahrscheinlichkeit, mit der uns Donald Trump allesamt in die Luft jagen wird, weil ihm auf Twitter ein letztes, allerletztes Mal der Kragen geplatzt ist.

Auch wenn wir sie nicht immer verstehen, die Sprache des Universums lediglich gebrochen sprechen, so begegnet die Mathematik uns doch in jedem Lebensbereich. Man findet sie in der perfekten Geometrie der Merkelraute, sieht sie im öffentlichen Diskurs, der in Zeiten von Twitter und Co. ja leider immer mehr von irgendwelchen Nullen bestimmt wird, ja bekommt sogar eine Ahnung des mathematischen Konzepts der Unendlichkeit, wenn man mal wieder auf den Telekom-Techniker wartet. Das Schöne daran ist: Die Mathematik ist stets völlig unbestechlich. 1 + 1 wird immer 2 sein, das ist Fakt, und alternative Fakten gibt es in der Mathematik glücklicherweise nicht.

Bei allen harten Zahlen, bei ihrer völligen Unbestechlichkeit, umweht die Mathematik doch, oder gerade deswegen, ein Hauch des Mystischen. Denn ist es nicht ein kosmischer Zufall an sich, dass wir das System der Zahlen überhaupt gefunden haben, um uns damit die Welt, und zwar alle ihre Bereiche, zu erklären? «Das Wunder der Geeignetheit der Sprache der Mathematik für die Formulierung der Gesetze der Physik ist eine wunderbares Geschenk, das wir weder verstehen noch verdienen», schrieb der Physiker Eugene Wigner 1960 in einen Essay mit dem Titel «Die unsinnige Effektivität der Mathematik in den Naturwissenschaften». Andererseits verstehen und verdienen wir auch Donald Trump nicht, wenn man drüber nachdenkt, mal davon abgesehen, dass mit ihm wirklich niemand ernsthaft hat rechnen können, wahrscheinlich nicht einmal Eugene Wigner. Von Trump ist übrigens nicht final geklärt, ob er überhaupt lesen kann. Ob er die Sprache des Universums spricht, dessen einzigen uns bekannten bewohnten Planeten er mit seinem Atomwaffen-Köfferchen einfach in die Luft jagen könnte? Wohl eher nicht. Aber vielleicht schließt sich so der Kreis. Auf eine perfekte, mathematisch sauber erklärbare Weise, versteht sich.

Politik

1.

Streng genommen handelt es sich bei Angela Merkels typischer Handpose nicht um eine Raute, sondern um ein Drachenviereck. Die 5 cm lange Strecke zwischen Daumen- und Zeigefingerspitzen bilden hierbei die Spiegelachse, Merkels Daumen haben eine Länge von 3 cm, und der Winkel zwischen Daumen und Zeigefinger beträgt 80°.

▸ Skizziere die «Merkel-Raute».

▸ Welchen Flächeninhalt umfasst die Raute? Nutze hierfür den Sinussatz.

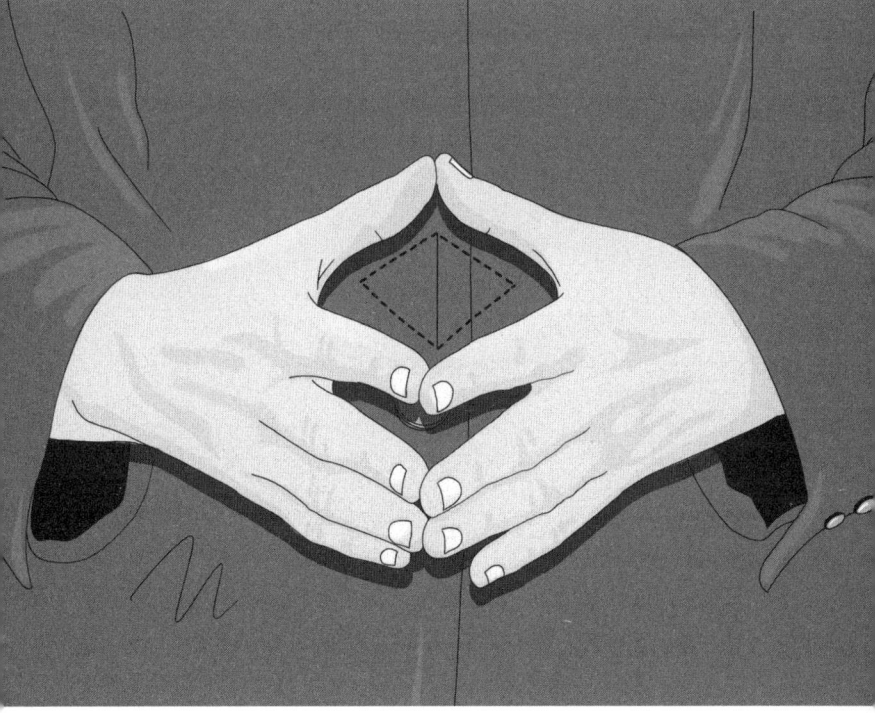

oder division mit Komma

2.

Donald Trump ist 102 Tage im Amt. Im Durchschnitt twittert er 3,5-mal pro Tag. Jeder fünfte Tweet enthält eine Drohung, jeder dritte eine Lüge, jeder siebte das Eingeständnis einer Straftat, jeder achte unangebrachtes Eigenlob. Kommen alle vier Dinge zum dritten Mal zusammen, bricht der Dritte Weltkrieg aus. Wann ist es so weit?

3.

Man könnte meinen, es sei das pure Chaos, aber hinter Theo Waigels Augenbrauen steckt präzise Mathematik. Betrachten wir die Funktion $f(x) = \sin(x)^2$ für x aus $[0, 2\pi]$, so entsprechen sie der Fläche zwischen der Kurve und der x-Achse. Berechne den Flächeninhalt.

4.

Wenn die Anzahl der Probleme der deutschen Gesellschaft x beträgt, löst die AfD von diesen Problemen insgesamt

$$y = ax^2 + bx + c$$

wobei $a, b, c \in \mathbb{R}$. Als die Gesellschaft in der Vergangenheit x_1, x_2 oder x_3 Problemen ausgesetzt war ($x_1 < x_2 < x_3$), konnte die AfD kein einziges Problem lösen. Zeige, dass immer $y = 0$ gilt.

5. ✓

Ein bayerisches Festzelt, in dem Markus Söder eine Wahlkampfveranstaltung hat, fasst 3000 Hektoliter Luft. Söder wandelt pro Minute 10 Hektoliter Luft in heiße Luft um. Befinden sich im Zelt 2/3 heiße Luft, hebt es ab. Wie lange muss Söder dafür reden?

6.

Wladimir Putin will sich zu seinem Geburtstag den Todesstern aus Star Wars nachbauen lassen. Nach den Originalplänen hat der Todesstern einen Durchmesser von 144 Kilometern. Für einen Kubikmeter Todesstern bräuchte man 16,3 Kilogramm Stahl, der aktuell pro Kilogramm 44 Rubel kostet. Was würde alleine das Stahlgerüst von Putins Todesstern kosten?

7.

Boris Johnson behauptet, seine Sätze wären zu allerhöchstens 8 % gelogen. Gib eine Entscheidungsregel an, wenn diese Behauptung anhand einer Stichprobe von 200 Sätzen zu einem Signifikanzniveau von 5 % getestet werden soll. Gehe davon aus, dass die Anzahl gelogener Sätze binomialverteilt ist, und führe einen rechtsseitigen Hypothesentest durch.

LÖSUNG SEITE 149

8.

Kim Jong Un verlangt von allen nordkoreanischen Männern, dass sie sich die Haare nach seinem Vorbild schneiden lassen. In Nordkorea wohnen zwölf Millionen Männer, ein Friseurbesuch kostet umgerechnet einen US-Dollar, das Bruttoinlandsprodukt beträgt insgesamt 18,8 Milliarden US-Dollar. Welchen Anteil am BIP haben die von der Politik erzwungenen zwölf Millionen Friseurbesuche?

9. ✓

Donald Trump hat sehr, sehr große Hände und möchte dies auf dem G20-Gipfel beweisen. Da er sehr, sehr intelligent ist, bedient er sich des Prinzips von Archimedes: Dafür taucht er eine Hand in einen Glaszylinder mit Wasser und markiert den Wasserstand. Er nimmt die Hand wieder aus dem Wasser und gibt so lange Goldklumpen ins Wasser (Dichte ρ = 19 g/cm³), bis das Wasser zur Markierung gelangt. Das Gewicht des benötigten Goldes beträgt 0,95 kg. Wie viel Liter Wasser hat Donald Trump mit seiner Hand also verdrängt?

LÖSUNG SEITE 150

10.

Zu seinem Glück fehlt Bernd Höcke nur noch ein passender Bart. Der Bart, den er am schönsten findet, ist trapezförmig und symmetrisch. Die untere Kante ist 3,6 cm lang, die obere 2,8 cm und die verbleibenden Kanten jeweils 3,9 cm. Berechne die Fläche der kecken neuen Gesichtsbehaarung.

11.

Der Brexit wurde am 23. Juni 2016 beschlossen, geschätzte Kosten waren damals 21 Milliarden Pfund. Weil, na ja, Sie wissen schon, war knapp 1200 Tage nach dem Referendum von Kosten um die 36 Milliarden Pfund die Rede.

Um wie viel stiegen in den 1200 Tagen nach dem Referendum die geplanten Kosten pro Tag? Bestimme die lineare Funktion $f(x) = a \cdot x + b$, also die Zahlen a und b so, dass der Funktionsgraph durch die Punkte $(0,21)$ und $(1200,39)$ geht. Skizziere mit geeigneter Skalierung der x-Achse die Funktion bis $x = 6000$.

12.

Mit der ständigen Behauptung, Linksextremismus sei genauso schlimm wie Rechtsextremismus, betreibt die CDU Augenwischerei. Berechne die Fläche, die die CDU bei einem herkömmlichen Wähler dafür wischen muss. (Nutze die Formel für den Flächeninhalt einer Ellipse für gegebene Halbachsenlängen.)

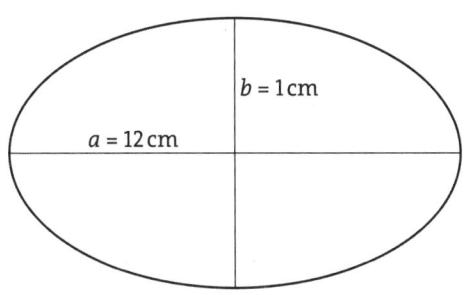

$b = 1\,\text{cm}$

$a = 12\,\text{cm}$

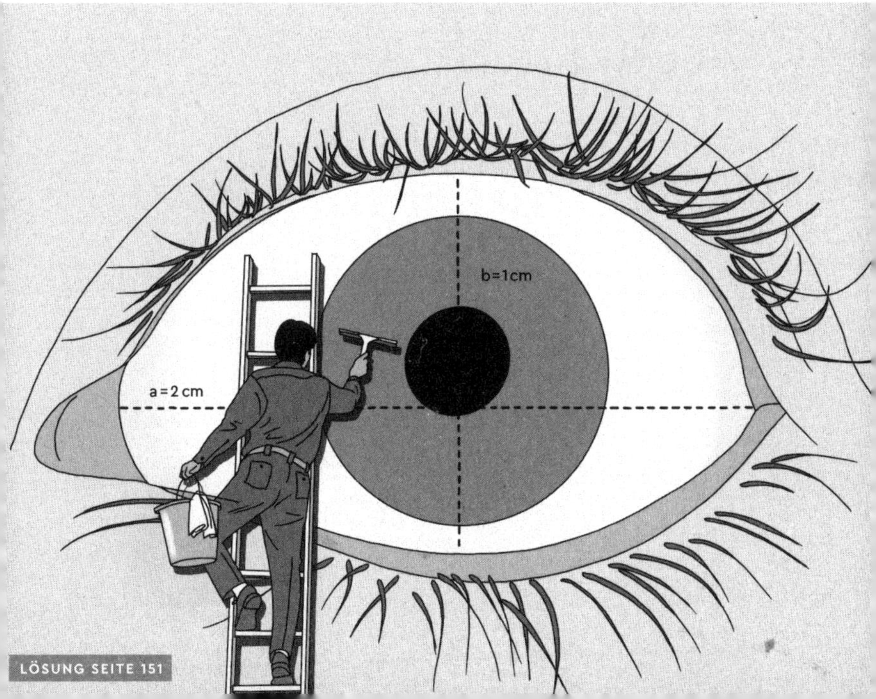

LÖSUNG SEITE 151

13.

Olaf Scholz betrachtet $2x^2 - 15x + 7$ und sucht die schwarze Null. Bestimme die Nullstellen.

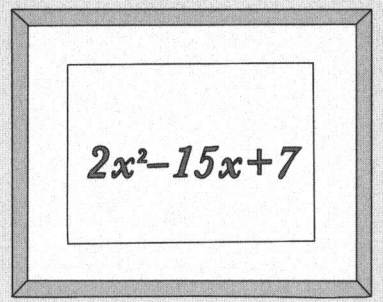
$2x^2-15x+7$

14.

Folgende Tabelle zeigt die Wahlergebnisse bei Bundestagswahlen der SPD seit 1998:

1998	2002	2005	2009	2013	2017
40,9 %	38,5 %	34,2 %	23,0 %	25,7 %	20,5 %

Wir nehmen an, x stehe für das Jahr nach 1998 (also entspricht 1998, entspricht 2002 usw.).

a) Stelle $x_1 = 0, x_2 = 4, ..., x_6 = 19$ in einem geeigneten Koordinatensystem den entsprechenden Wahlergebnissen $y_1, y_2, ..., y_6$ gegenüber (nimm als x-Achse den Bereich von 0 bis 35).

b) Nehmen wir an, die Wahlergebnisse folgen mit leichten Abweichungen einer linearen Funktion der Form $f(x) = a \cdot x + b$. Dann heißt die Zahl

$$R(a, b) = (f(x_1) - y_1)^2 + (f(x_2) - y_2)^2 + ... + (f(x_6) - y_6)^2$$

quadratischer Fehler und hängt davon ab, wie wir a und b wählen. Bestimme a und b so, dass der quadratische Fehler minimal ist. (Hinweis: Stelle zwei Gleichungen auf, indem du einmal R nach a ableitest und einmal nach b ableitest. Bestimme die Minima und löse das Gleichungssystem auf. Es kann auch die Rechnung erleichtern, den Durchschnitt von $x_1, ..., x_6$ mit $\bar{x}$ und den Durchschnitt von $y_1, ..., y_6$ mit $\bar{y}$ zu bezeichnen.)

c) Bezeichne die in b) bestimmten Zahlen mit $\hat{a}$ und $\hat{b}$. Zeichne die Funktion $\hat{f}(x) = \hat{a}x + \hat{b}$ in das Koordinatensystem ein. Berechne, wann ungefähr die SPD unter die Fünf-Prozent-Hürde fallen würde, wenn die Wahlergebnisse tatsächlich dieser Zuordnung folgen. Vergleiche deine Rechnung mit dem Graphen.

LÖSUNG SEITE 151

Alltag

1.

Eine Google-Suchanfrage hat einen Stromverbrauch von 0,3 Watt-stunden. Deutschland hat 44 726 362 Erwerbstätige. Die Hälfte davon geht einem Bürojob am PC nach, wiederum die Hälfte davon ist un-zufrieden und googelt im Schnitt 7,3-mal pro Woche frühere Schul-freunde, um zu gucken, ob es denen wenigstens auch nicht besser geht. Wie hoch ist der kulminierte Stromverbrauch pro Jahr? (Der Durchschnittsdeutsche arbeitet 38 Wochen im Jahr.)

2a

Auf einer Betriebsfeier sind 37 Kollegen. Sie wollen nur 5 Stunden bleiben und wechseln alle 15 Minuten zu einem neuen Gesprächspartner. 11 der 37 Kollegen stiften Sie jedoch zum Schnapstrinken an. Nach 7 Schnäpsen wären Sie knallvoll und stünden Macarena tanzend auf dem Restauranttisch. Wie hoch ist die Wahrscheinlichkeit, dass das passiert und Sie am nächsten Morgen verkatert und verschämt ins Büro kommen?

2b

Sie waren auf der Betriebsfeier knallvoll und standen Macarena tanzend auf dem Restauranttisch. Nun sitzen Sie verkatert Ihrem Chef gegenüber und manövrieren sich durch seine Standpauke. Wegen Ihres lausigen Zustands können Sie ihm kaum folgen und seine 17 Fragen nur auf gut Glück mit Ja oder Nein beantworten. Wie wahrscheinlich ist es, dass Sie höchstens fünf Fragen falsch beantworten und somit ungeschoren durch das Gespräch kommen?

3.

Obwohl Sie wissen, dass man das nicht macht, ziehen Sie im ICE-Abteil die Schuhe aus. Ein ICE-Abteil ist 24,755 Meter lang, 3,890 Meter hoch und 2,95 Meter breit. Die Milchsäurebakterien zwischen Ihren Zehen verpesten pro Minute etwa 0,75 Kubikmeter Luft. Wie lange dauert es, dass das ganze Abteil etwas von Ihrer unzureichenden Fußhygiene hat?

4a

Beim Abwaschen rollt Ihnen dreimal der Pulliärmel ins Wasser, fünfmal halten Sie einen Löffel so unter den Wasserstrahl, dass Sie sich das Oberteil vollspritzen, siebenmal schwappt Wasser aus einem Kaffeebecher auf Ihre Socken. Wie viele mögliche Reihenfolgen dieser Ärgernisse gibt es?

4b

Wie häufig müssen Sie abwaschen, damit mit einer Wahrscheinlichkeit von mindestens 94 Prozent mindestens einmal das letzte Ihnen widerfahrende Ärgernis der Löffel ist?

5.

Sie sind schon wieder in Scheiße getreten. Dabei leben in Ihrer Stadt lediglich 17 203 Hunde, die pro Tag je zwei Hundehaufen von einer Fläche zu je 8,3 Quadratzentimetern machen. Die Gehwege Ihrer Stadt haben hingegen eine Gesamtfläche von 692 934 Quadratmetern. Wie hoch ist die Wahrscheinlichkeit, unaufmerksam ausgerechnet in einen Punkt mit Scheiße zu treten? Wie hoch ist die Wahrscheinlichkeit, bei 3000 zufälligen Schritten auf dem Heimweg mindestens in einen Punkt mit Scheiße zu treten?

6.

Sie müssen schon wieder an diese eine peinliche Sache denken, die Sie vor 15 Jahren mal gesagt / getan haben und an die sonst niemand, wirklich niemand mehr denkt. Der Gedanke nimmt zu Anfang 486 297 Gehirnzellen in Beschlag. Pro Minute schaffen Sie es, 1,9 Prozent der Gehirnzellen auf ein anderes Thema zu lenken. Wie lange dauert es, bis weniger als eine Gehirnzelle in Beschlag genommen wird und Sie nicht mehr an diese eine peinliche Sache denken, die Sie vor 15 Jahren mal gesagt / getan haben und an die sonst niemand, wirklich niemand mehr denkt?

7.

Wenn Sie seit Ihrem 20. Geburtstag von 57 Sekunden durchschnittlich 1,4 Sekunden auf Ihr Smartphone starren, werden Sie bis zu Ihrem 80. Geburtstag wie viel Zeit mit dieser sinnlosen kleinen Bewegung verbracht haben? (Schaltjahre dürfen bei der Berechnung vernachlässigt werden.)

8.

Das Warten auf den Telekom-Techniker geht mal wieder ins Unendliche. Nach Wartezeit x liegt Ihr Verständnis dafür bei $e^{-x} \cdot x^2$. Zeigen Sie, dass Ihr Verständnis für die unendlich lange Wartezeit gegen null geht.

9.

Sie stehen auf Ihrer quadratischen Waage, die von Ihrem aktuellen Bauchumfang (kleinerer Halbkreis) teilweise verdeckt wird. Aber seien wir ehrlich: Dieser wird in Zukunft noch eine viel größere Fläche – und zwar die ganze Waage – überdecken. Bestimmen Sie den Anteil der aktuell kleineren Fläche an der zukünftigen größeren Fläche.

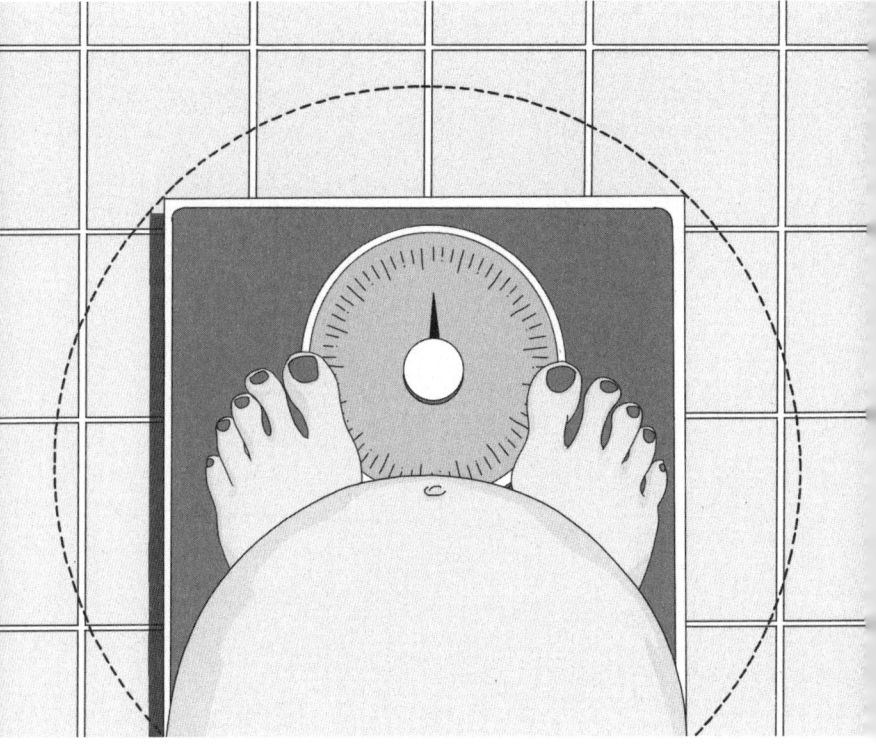

10.

In der Fußgängerzone treffen Sie einen entfernten Bekannten. Sie nähern sich vom westlichen Ende der Straße ($x < 0$) der Mitte der Fußgängerzone ($x = 0$), der Bekannte nähert sich vom östlichen Ende ($x > 0$). Der Graph stellt dar, wie Sie Richtung Norden und Ihr Bekannter Richtung Süden ausweichen, je näher Sie sich kommen und nachdem Sie sich gesehen haben und so tun, als hätten Sie sich nicht gesehen, damit Sie ja nicht noch smalltalken müssen.

a) Überlegen Sie sich eine Funktion, die zum Graphen passen könnte. Überprüfen Sie, ob diese Funktion mit dem Graphen übereinstimmt, und bestimmen Sie den Definitionsbereich.

b) Bevor Sie einander sehen, laufen Sie stets Richtung Straßenmitte (x-Achse). Ab wann sehen Sie und Ihr Bekannter sich und entfernen sich erstmalig voneinander, also bewegen sich wieder von der x-Achse weg?

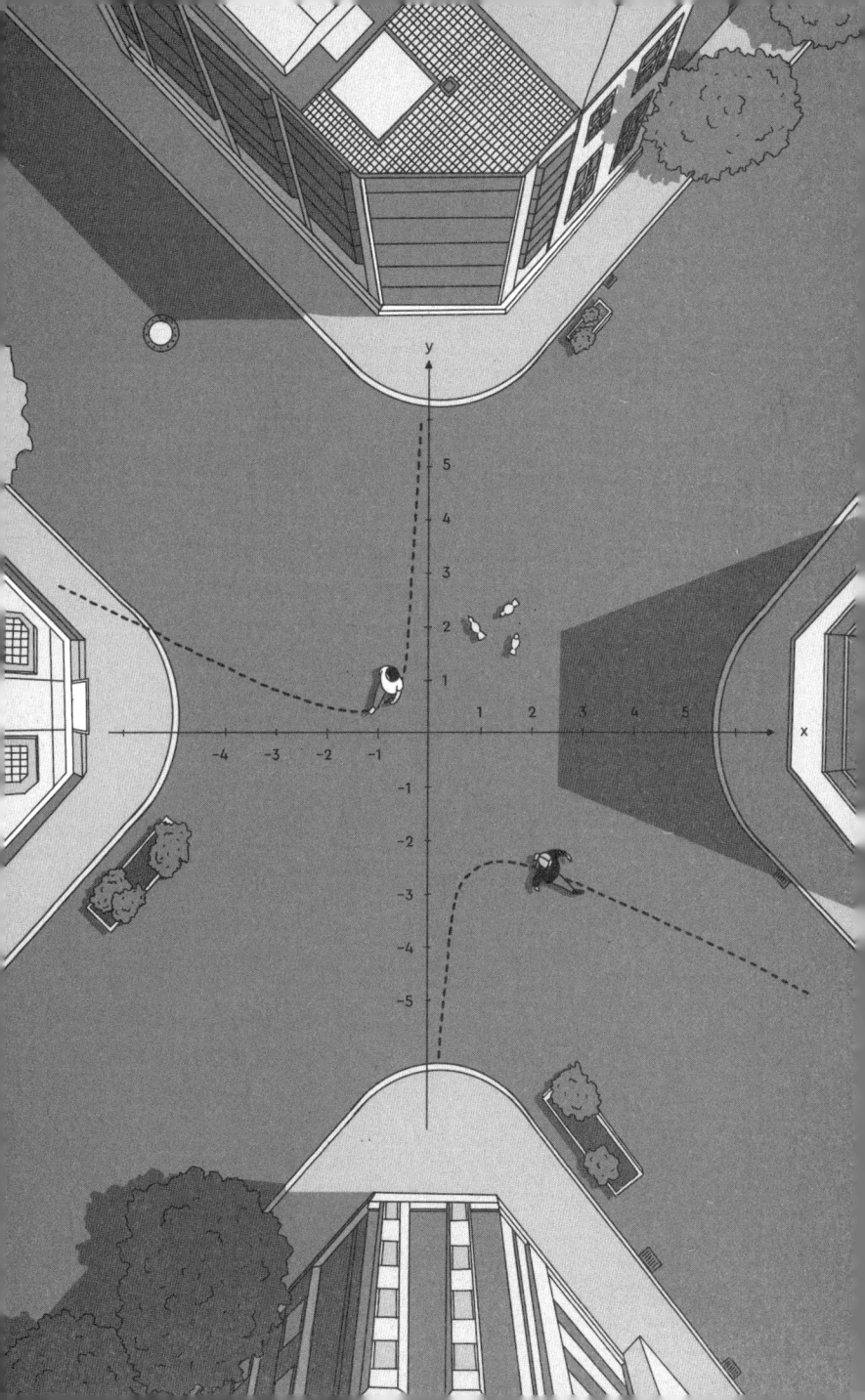

11.

Sie haben 6 Paar Socken, die Sie immer zusammen waschen. Bei jeder Wäsche geht eine Socke verloren. Wie hoch ist die Wahrscheinlichkeit, dass Sie nach 6 Waschgängen 6 einzelne Socken haben?

12.

An Weihnachten treffen Sie auf 15 entfernte Verwandte, mit denen Sie nichts, aber auch gar nichts verbindet. An Ihrem Tisch bei der Familienfeier sind vier Plätze frei. Wie viele unterschiedliche Kombinationen für unangenehme Gespräche sind an Ihrem Tisch möglich?

LÖSUNG SEITE 159

13.

In einem schwachen Moment und weil einfach nichts anderes mehr da war, löffeln Sie zum Abendbrot eine Buchstabensuppe aus der Dose, in der noch genau zweimal das Alphabet schwimmt. Mit jedem Löffel löffeln Sie genau fünf Buchstaben aus der Dose. Wie hoch ist die Wahrscheinlichkeit, dass Sie das Wort «Igitt» löffeln?

14.

Sie stoßen sich mal wieder den kleinen Zeh am Bettpfosten. Die Entwicklung des Schmerzes zum Zeitpunkt $x \geq 0$ ist gegeben durch $f(x) = \frac{1}{100} x \cdot e^{7-x}$. Berechnen Sie den Zeitpunkt, bei dem der Schmerz am höchsten ist. Bestimmen Sie die Wendestelle. Was sagt diese aus?

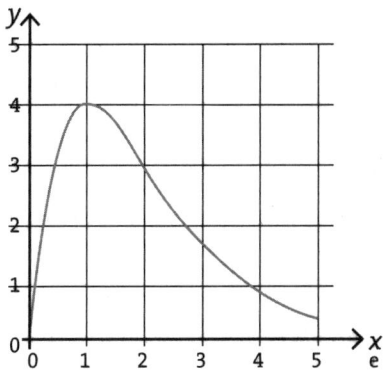

Gesellschaft

1.

Es existieren 2693 Verschwörungstheorien (sagen zumindest «die da oben»). Unter den idealen Bedingungen des Internets verdoppeln sie sich alle sechs Tage. Die Zuordnung Zahl der Tage → Anzahl Theorien hat die Form $y = a \cdot b^x$. Bestimme a und b.

2.

Fox News biegt die Wahrheit um 57 Grad. Berechne das entsprechende Bogenmaß.

3.

Bei der Begründung seines Standpunktes zum Thema Tempolimit windet sich Ulf Poschardt. Seine Windebewegung verläuft dabei ähnlich einer Spule. Die Poschardt-Spule hat einen Durchmesser von 80 cm. Die innerste Windung hat den Abstand von 12 cm vom Mittelpunkt M.

a) In welchem Abstand von M ist die Länge einer Windung doppelt so lang wie Poschardts innerste Windung?

b) Wie lang ist Poschardts äußerste Windung?

c) Wie groß ist die Querschnittsfläche der Spule?

Hinweis: Gehe davon aus, dass eine Windung mit Abstand zum Mittelpunkt einem Kreis mit Radius r entspricht.

LÖSUNG SEITE 160

4.

Allen schwillt ständig der Kamm. Um täglich 0,9 Prozent, um genau zu sein. Nach wie vielen Tagen ist der Kamm aufs Doppelte angeschwollen.

✗ Zahlendreher

5.

Ein beliebiger deutscher Talkshow-Host und ein beliebiger AfD-Talkshowgast laufen freudestrahlend und mit offenen Armen in Zeitlupe aufeinander zu. Der Host läuft mit 6 km/h, der Talkshowgast mit 7 km/h. Zwischen beiden liegen 352 Meter. Wo treffen sie sich?

6. ✗

Im FDP-Kreisverband Frankfurt-Westend besitzen einige Mitglieder einen SUV. In den folgenden Aufgaben steht m für die Anzahl der SUV-Besitzer des Kreisverbands, n für die bedauernswerten FDP-Mitglieder ohne SUV.

1.) Welche der folgenden Aussagen passt zu der Gleichung
   $m = 3 \cdot n$?
   a) Es gibt dreimal so viele FDPler ohne SUV wie FDPler mit SUV.
   b) Es gibt dreimal so viele FDPler mit SUV wie FDPler ohne SUV.
   c) Es gibt drei FDPler mehr mit SUV als FDPler ohne SUV.
   d) Es gibt drei FDPler mehr ohne SUV als FDPler mit SUV.

2.) Formuliere eine passende Aussage zu der Gleichung $m = n + 4$

7.

Pro Jahr hebt der Chefredakteur eines Regenbogenblattes 27-mal Michael Schumacher aufs Cover, ohne eine einzige Information zu haben. Mit jedem Mal verliert er 3 Prozent seiner Selbstachtung mit dem Ausgangswert 100. Ab wann ist seine Selbstachtung bei 20 und er kann nicht mehr in den Spiegel sehen?

✓

8.

Irgendein neurechter Idiot hat öffentlich mal wieder etwas Unsägliches gesagt. Obwohl alle Medienhäuser wissen, dass man die Aussage ignorieren sollte, ist die Anziehungskraft dann doch zu stark, sämtliche Redaktionen beginnen, um das Thema zu kreisen. Die Gravitationskraft ist gegeben durch $\frac{G \cdot m \cdot M}{r^2}$, wobei G die Gravitationskonstante $6{,}673 \cdot 10^{-11} \frac{m^3}{kg \cdot s^2}$ ist, m die Masse der Aussage und M die Masse der Medienhäuser. Wie nahe müssen die Medienhäuser der Aussage stehen, damit die Gravitationskraft $20N$ beträgt ($1N = 1 \frac{kg \cdot m}{s^2}$)? Die Aussage hat hierbei ein Gewicht von $1000\,kg$ und die Medienhäuser ein Gewicht von 5000 Tonnen.

In den Tweets von Jörg Kachelmann kommt die Behauptung, sein Diskussionspartner sei dumm, in diversen Varianten in der folgenden Verteilung nach Jahren vor:

Jahr	2016	2017	2018	2019
«Dumm»	21	84	336	1344

Falls die Entwicklung von 2017 bis 2018 durch eine Exponentialfunktion der Bauart $f(x) = 84a^x$ beschrieben wird, wie lautet dann die Basis a und wie ist dieser Wert zu überprüfen?

Überprüfe, ob die Daten von 2016 und 2019 zu dieser Modellierung passen. Wann (in der Vergangenheit) startete nach diesem Modell Kachelmanns getwitterte Behauptung, sein Diskussionspartner sei dumm, bei 0?

10.

Alle 11 Minuten verliebt sich ein Single auf Parship. Berechne die bei 4 528 394 angemeldeten Singles unterirdische Erfolgsquote des Unternehmens im Jahr.

11.

Es wird Herbst. Das bestimmende Gesprächsthema ist ab dem 1. September, dass schon wieder Weihnachtsartikel in den Supermärkten liegen. Es wird Mitte Oktober abgelöst durch das Gesprächsthema, dass schon wieder «Last Christmas» im Radio zu hören ist. Die Funktion $f(x) = \frac{1}{2}x + 7$ gibt an, wie häufig eine Person im Durchschnitt zum Zeitpunkt x über die Weihnachtsartikel spricht, die Funktion $g(x) = x + 4$, wie häufig über Last Christmas gesprochen wird. Zeichne beide Funktionen, berechne, zu welchem Zeitpunkt x über beide Themen gleich viel gesprochen wird, und überlege, welche Zeitskala durch die x-Achse dargestellt wird, wenn zum Zeitpunkt $x = 0$ der 1. September ist.

12.

Während der Nachrichten muss ein Mensch im Durchschnitt 6,5 Minuten lang den Kopf schütteln. Die Anzahl an Minuten ist binomialverteilt mit Wahrscheinlichkeit $\frac{1}{2}$, d.h., die Wahrscheinlichkeit, dass ein Mensch von den 15 Minuten k Minuten den Kopf schüttelt, beträgt $\binom{15}{k} \cdot \left(\frac{1}{2}\right)^{15}$. Berechne $x < 7$ so groß wie möglich, damit die Anzahl an Minuten, die man den Kopf schüttelt, mit mindestens 95% Wahrscheinlichkeit in $[x, 15 - x]$ liegt.

13.

Die Ochsenknechts haben zwei Söhne, Jimi Blue und Wilson Gonzalez. Jimi Blue und Wilson Gonzalez bekommen jeweils auch zwei Söhne, die jeweils drei kombinierte Vornamen bekommen. Die Folgegeneration (jeder Sohn bekommt stets zwei Söhne) bekommt vier kombinierte Namen, die darauf fünf etc. Dabei wird darauf geachtet, dass kein Vornamenbestandteil in einer Generation mehrfach auftaucht.

a) Leite eine allgemeine Formel her, die beschreibt, wie viele verschiedene Namensbestandteile die Ochsenknechts benötigen, um sich ohne Dopplung Vornamen zu kombinieren. Lege eine Zuordnungstabelle für die ersten zehn Generationen an.

b) Die Ochsenknechts schöpfen aus einem Pool mit 4000 Phantasievornamen. Ab wann reicht dieser Pool nicht mehr aus und es wird zwangsläufig wieder einen Jimi, Blue, Wilson und / oder Gonzalez geben?

14.

Obwohl Sie es eigentlich besser wissen und auch Besseres zu tun haben, lassen Sie sich auf eine völlig unnötige Diskussion im Internet ein. Ihr Diskussionspartner springt dabei zwischen drei Positionen A, B und C wild umher. Von Position A springt er jeweils mit Wahrscheinlichkeit $\frac{1}{2}$ zu Position B oder C. Von B springt er mit Wahrscheinlichkeit $\frac{2}{3}$ zu A und sonst zu C. Von C aus springt er sicher wieder zu A.

a) Wie wahrscheinlich ist es, dass er nach drei Sprüngen wieder in A ist, wenn er in A startet?

b) Berechnen Sie mit einem Baumdiagramm die Wahrscheinlichkeiten, dass er sich nach einem Sprung bei Position A [bzw. B / C] befindet, wenn er mit Wahrscheinlichkeit $\frac{6}{13}$ in A, $\frac{3}{13}$ in B und $\frac{4}{13}$ in C startet. Wie wahrscheinlich ist es, dass er sich in 9 Schritten bei Position C befindet?

Popkultur

1. ✓

Marge Simpson hat eine Größe von 1,87 m. Davon sind jedoch 43 cm Haare. Wie viel Prozent ihrer Körpergröße macht ihre Frisur aus?

2.

«Super Mario World» hat 72 Level. In jedem Level befinden sich zwei Pilze. Ein Pilz hat 1029 Kalorien. Wie viele Kalorien hat Mario zu sich genommen, wenn er alle Level abgeschlossen hat? Bedenke: Pro Level läuft Mario im Schnitt 523 m. Pro 100 m verliert er 82 Kalorien.

3.

Mit einem IQ von 117 besucht man eine 90-minütige Mario-Barth-Show. Alle 135 Sekunden verliert man einen IQ-Punkt, hinzu kommt, dass man alle fünf Barth-Pointen, also im Durchschnitt alle siebeneinhalb Minuten, einen Schnaps trinken muss, um das Elend überhaupt auszuhalten, der jeweils wiederum 5/12 eines IQ-Punkts kostet. Mit welchem Rest-IQ schafft man es aus der Show raus?

✓

4.

He-Man hat in der letzten Zeit seine Muskelmasse verdreifacht. Dafür hat er jeden Tag intensiv gepumpt, sodass er monatlich 10 % an Muskelmasse gewonnen hat. Wie viele Monate musste He-Man pumpen, um so auszusehen, wie er aussieht.

5.

Mit einem Vermögen von 65,4 Milliarden Dollar ist Dagobert Duck der reichste fiktionale Charakter der Popkultur. Die Plätze 2–10 verteilen sich wie folgt.

- Smaug – 54,1 Milliarden Dollar
- Carlisle Cullen – 46 Milliarden Dollar
- Oliver Warbucks – 36,2 Milliarden Dollar
- Kaiser Ming – 20,9 Milliarden Dollar
- Mom (Futurama) – 15,7 Milliarden Dollar
- Artemis Fowl II – 13,5 Milliarden Dollar
- Tony Stark – 12,4 Milliarden Dollar
- Charles Foster Kane – 11,2 Milliarden Dollar
- Jay Gatsby – 11,2 Milliarden Dollar

Stelle die Vermögensverteilung der Charaktere in einem Tortendiagramm dar.

6.

Du willst eine Runde FIFA spielen. Als Motivation lässt dich das Spiel die erste Partie zu 70 % gewinnen. Danach weißt du, dass du zu 80 % das nächste Spiel verlierst, wenn du das vorige Spiel verloren hast und zu 50 % gewinnst, wenn du das vorige Spiel gewonnen hast (bei Unentschieden geht es in die Verlängerung, man kann also nur gewinnen oder verlieren). Wie wahrscheinlich ist es, dass du die erste Partie gewonnen hast, wenn du dein zweites Spiel gewinnst?

7.

Beim guten alten Glücksrad greift mal wieder jemand auf das ERNSTL zurück. Aber wie wahrscheinlich ist es eigentlich, dass in einem Wort mit 5 Buchstaben keiner der ERNSTL-Buchstaben vorkommt, wenn wir vereinfacht annehmen, dass die Buchstaben unabhängig voneinander «gezogen» wurden?

Die relative Häufigkeit der Buchstaben ist:

E: 17,40 %

R: 7,00 %

N: 9,78 %

S: 7,27 %

T: 6,15 %

L: 3,44 %

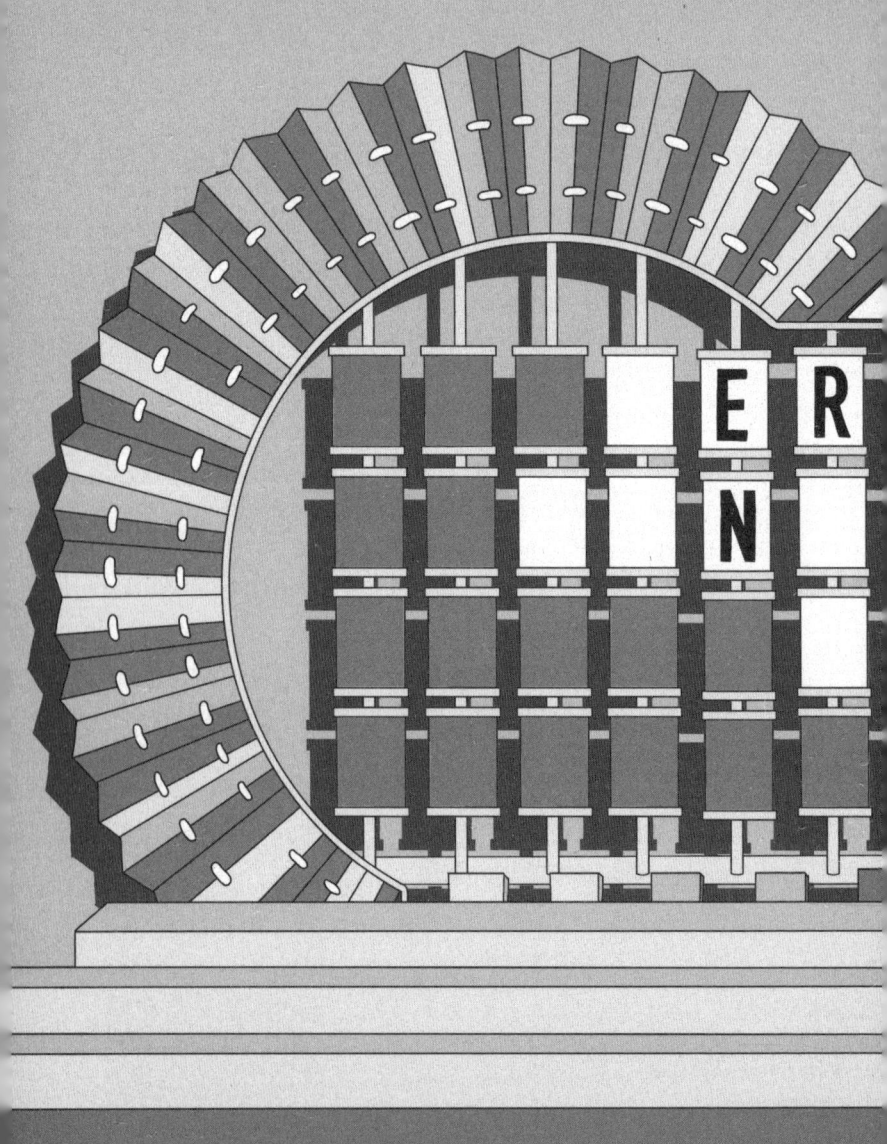

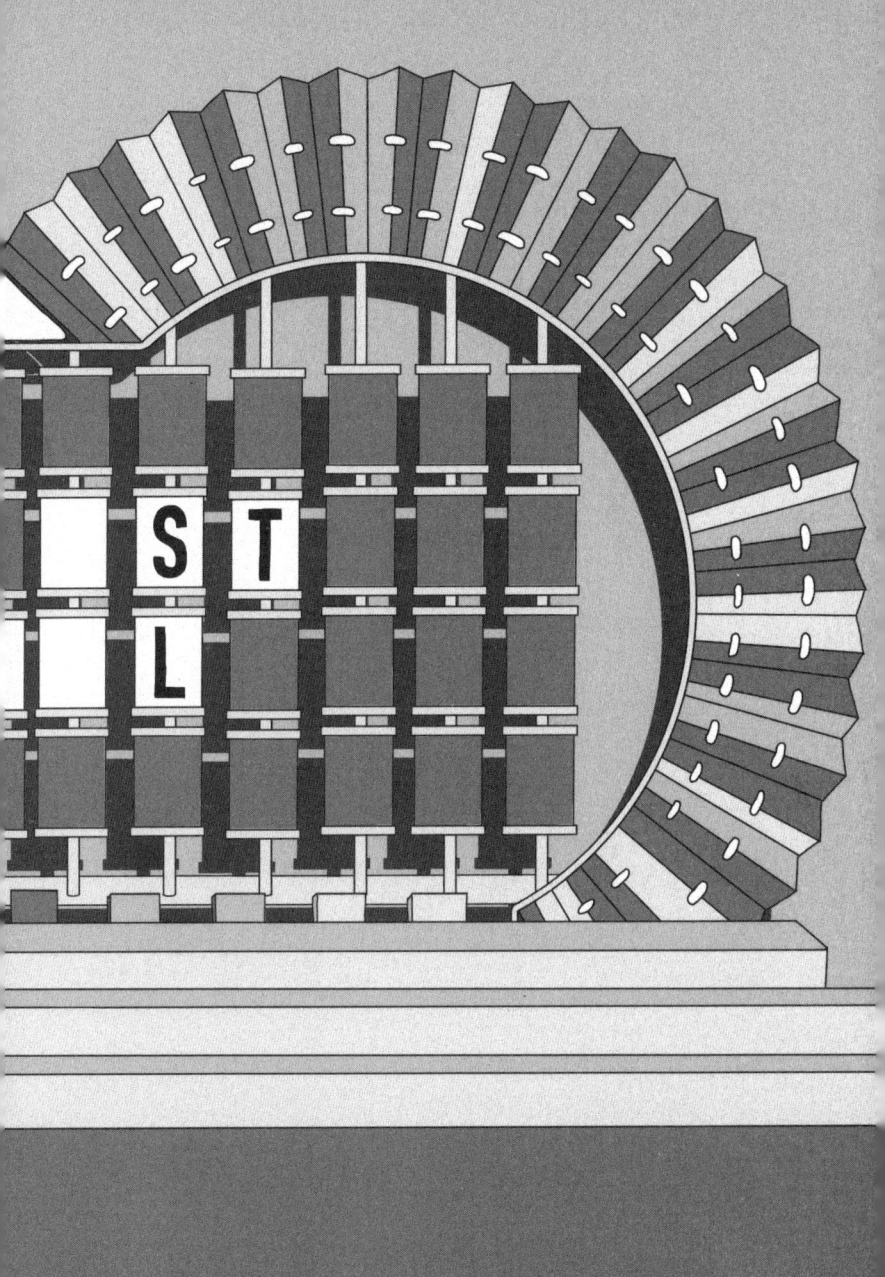

Der Hamburglar klaut Hamburger zu je 99 Cent, dafür erwartet ihn eine empfindliche Haftstrafe. Der Jahresumsatz von McDonald's beträgt 22 352 636 000 Euro. Ihm wird ein prozentualer Schaden am Gesamtumsatz von 0,002 % vorgeworfen, wie viele Hamburger muss er also gestohlen haben?

In Schlumpfhausen leben viele Schlümpfe aber nur eine Schlumpffine. Die Formel für die sogenannte effektive Populationsgröße e lautet $e = \frac{4wm}{w+m}$, wobei w der Zahl der Weibchen und m der Zahl an Männchen der Population entspricht. Wie viele Schlümpfe leben in Schlumpfhausen, wenn die effektive Populationsgröße von Schlumpfhausen $\frac{47}{12}$ beträgt?

10.

Laut Homer Simpson hat das Universum die Form eines Donuts. Um das zu beweisen, baut er ein Modell seines Universums. Er konstruiert es als Rotationskörper wie folgt:

1) Er wählt positives R und positives r, sodass $r < R$ gilt.
2) Um den Punkt $(0, R)$ zeichnet er einen Halbkreis mit Radius r mittels der Vorschrift

$$\sqrt{(x-0)^2 + (y-R)^2} = r$$

und der Bedingung $y \geq R$.
3) Er zeichnet einen weiteren solchen Halbkreis, nur dieses Mal mit $y \leq R$.
4) Beide Halbkreise schreibt er als Funktion y in Abhängigkeit von x auf dem Definitionsbereich $[-r, r]$.
5) Zu beiden Funktionen erhält er einen Rotationskörper. Er «schneidet» den Rotationskörper der zweiten Funktion aus der ersten aus, um seinen Donut zu erhalten.

Welches Volumen hat das Universum in Abhängigkeit von r und R?

Lord Voldemort ist gerade dabei, seine Macht in Abhängigkeit von x auf $f(x) = x$ zu steigern, als er von den lästigen Potters dabei gestört wird, welche bei $x = 1$ beginnen, mit $2x - 2$ dagegenzuhalten. Ab $x = 2$ setzt Voldemord plötzlich $2x - 4$ auf seine bisherigen Anstrengungen drauf und besiegt zwar die Potters, implodiert dann aber bei $x = 3$. Skizziere den Graphen von f, den Voldemort auf die Stirn des jungen Harry gezeichnet hat. Ist die Funktion stetig?

12.

In «Walker, Texas Ranger» spielt Chuck Norris einen richtig coolen Sheriff mit einem richtig coolen Sheriffstern. Bei genauerer Betrachtung entpuppt sich der Stern als Pentagramm. Berechne den Umfang. (Hinweis: Das Fünfeck in der Mitte ist regelmäßig, das heißt, alle seine Seiten sind gleich lang und alle Innenwinkel betragen 108°.)

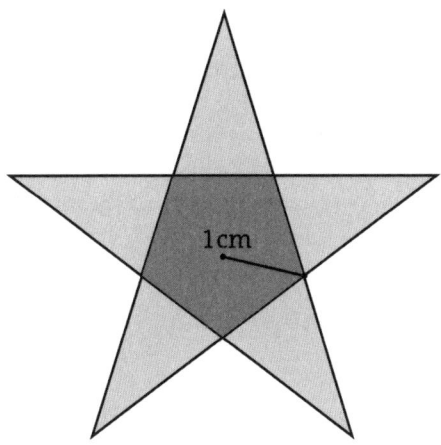

13.

✓

In «Tony Hawks Pro Skater 2» ist es so weit, Tony Hawk setzt zum 900 an, er dreht sich also um 900° um die eigene Achse. Welcher Anzahl an Drehungen um die eigene Achse entspricht das?

14. ✓

Leonardos Samuraischwert ist 5/7 so cool wie Raphaels Messer. Raphaels Messer sind 9/13 so cool wie Donatellos Schlagstock. Donatellos Schlagstock ist 4/9 so cool wie Michelangelos Nunchakus. Wie viel cooler sind Michelangelos Nunchakus im Vergleich zu Leonardos Samuraischwert?

Musik

1.

Der Wu-Tang Clan ist auf Tour. Als Verpflegung für die 30 Tage haben die neun Rapper exakt 7,5 kg Marihuana mitgenommen. Allerdings werden sie bereits nach 3/5 der Tour von der Polizei hochgenommen. Wie viel Gramm Marihuana hat jeder der Rapper zu diesem Zeitpunkt bereits konsumiert?

LÖSUNG SEITE 173

2.

Die dritte Strophe der Deutschen Nationalhymne hat 36 Wörter. Sarah Connor kann sich leider nur 5/6 davon merken. Wie viele Wörter singt sie falsch?

3.

Ozzy Osbourne hat in seiner Karriere 3500 Konzerte gegeben. An 37 Prozent der Konzerte kann er sich nicht mehr erinnern, auf 0,2 Prozent der Konzerte hat er einer Fledermaus den Kopf abgebissen. Wie viele tote Fledermäuse plagen Ozzys Gewissen?

4.

Jay Z hat 99 Probleme. Die Gauß'sche Summenformel, also die Zahlen von 1 bis 100 aufzusummieren, ist leider eines davon. Hilf Jay Z beim Summieren.

Hinweis: Versuche, eine allgemeine Formel für solch eine Summe der Zahlen 1 bis n zu finden und diese zu beweisen.

5. ✓

Folgender Graph zeigt die Funktion $f(x) = ae^{bx}$, die angibt wie sich Xavier Naidoo exponentiell von der Wahrheit entfernt. Bestimme a und b.

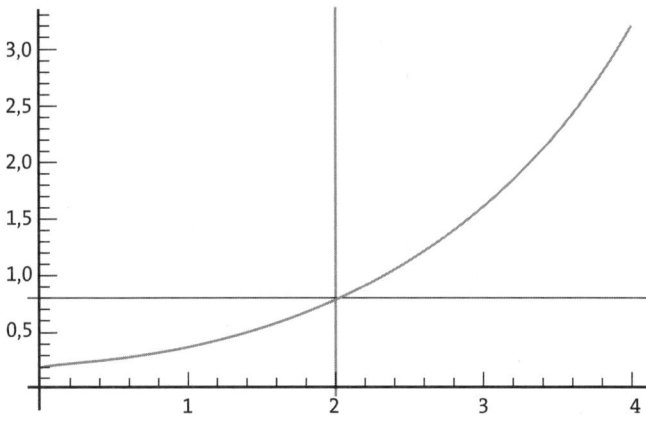

Um bloß nicht in den Verdacht zu geraten, eine Punkrock-Band zu sein, lassen sich die Toten Hosen ihre Songs von Helene Fischer schreiben. Das kostet. Weil man sich aber so gut versteht, bietet Helene Fischer drei mögliche Deals an:

A) Jeder Song kostet 10 000 Euro. Beim Kauf von 5 Songs oder mehr wird 1/5 des Preises erlassen.

B) Jeder Song kostet 9000 Euro.

C) Der erste Song kostet 11 000 Euro. Jeder weitere Song kostet 5 % weniger als der vorige.

a) Lege für alle drei Songs eine Zuordnungstabelle an, die der Anzahl an Songs die Gesamtkosten zuordnet (bis zu acht Songs, Kosten gerundet auf Cent-Beträge).

b) Entscheide, bei welchen der drei Zuordnungen eine proportionale Zuordnung vorliegt.

c) Wie viele Songs müssten auf das neue Album, damit sich Angebot C) lohnt? (Hinweis: Die Zuordnung für C) lässt sich schreiben als $C(n) = \frac{1 - 0.95^n}{0.05} \cdot 11\,000\ €$)

7.

Endlich, eeeeeendlich läuft Journeys «Don't Stop Believing» in der Jukebox deiner Eckkneipe. Du willst deinen Zustand bierseliger Glückseligkeit festhalten und malst dafür in ein Koordinatensystem die Punkte A=(1;2), B=(2;2), sowie die Strecke zwischen (1;1,5) und (2;1,5) ein. Außerdem zeichnest du mit dem Zirkel einen Halbkreis mit Mittelpunkt (1,5;1,5), der bei (1;1,5) startet, durch (1,5;1) geht und bei (2;1,5) endet.

8.

Anbei eine originalgetreue Abbildung des Bierglases, das man leeren muss, um Fools Gardens «Lemon Tree» für einen okayen Song zu halten. Wie viel Bier muss man trinken, wenn h = 40 Zentimeter und r = 7,98 Zentimeter sind?

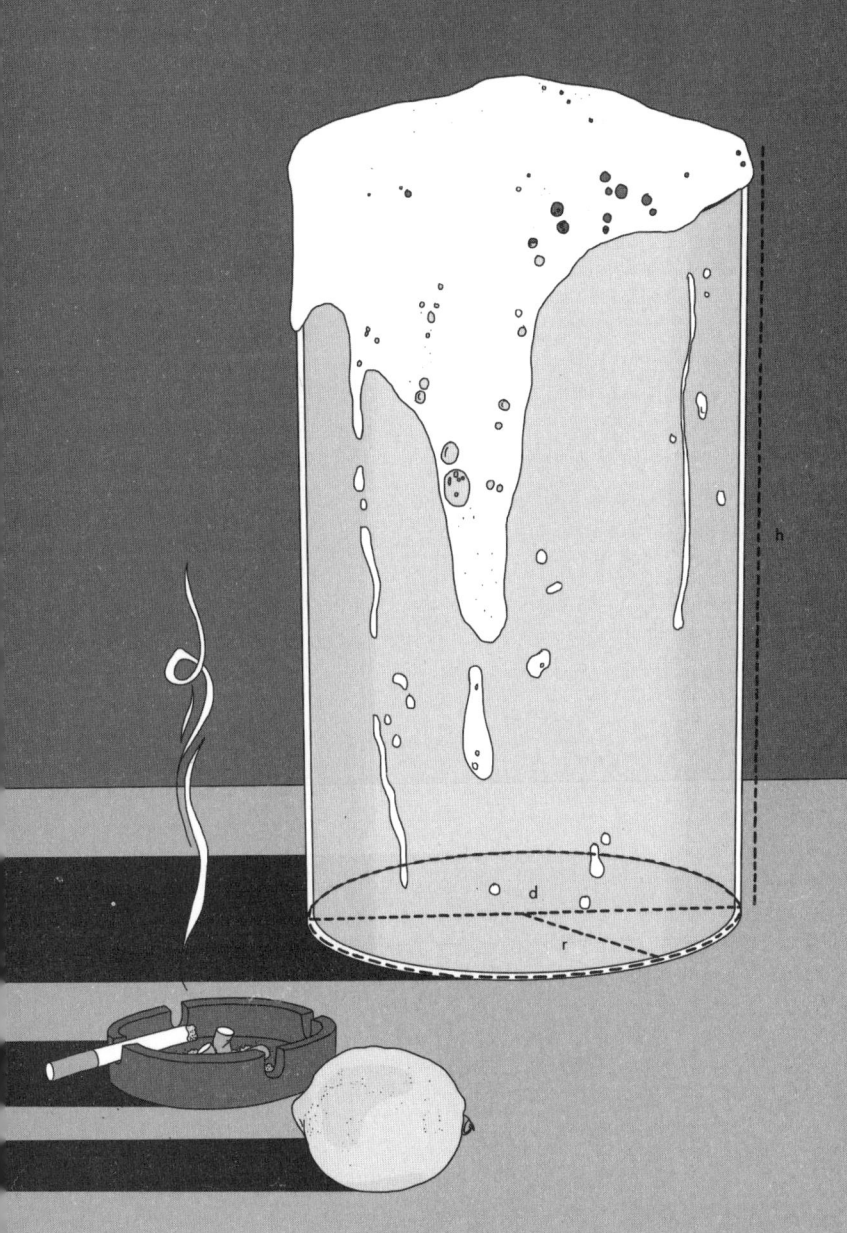

9.

✓✓✓

Für eine Show hat sich Lemmy Kilmister etwas ganz Besonderes überlegt: Er betritt die Bühne mit einem Feuerwehrschlauch, aus dem er Whiskey / Cola ins Publikum spritzen (und selber trinken) kann. Der Strahl des Schlauchs kann mit der Parabelgleichung $y = -\frac{3}{20}(x+2)^2 + 5x + 2$ beschrieben werden, wobei Lemmy bei $x = 0$ steht.

a) Berechne die Reichweite, die Lemmy erreichen kann. (Bis auf eine Nachkommastelle)

b) Berechne die Höhe, die Lemmy maximal erreichen kann.

c) Die Soundanlage steht 25 Meter entfernt. Berechne, in welcher Höhe der Whiskey-Cola-Strahl die Anlage trifft und das Konzert per Kurzschluss beendet.

10.

Eddie Van Halen hat endlich eine neue Gitarre. Berechne die Fläche, die die Gitarre im Koordinatensystem einnimmt, wobei die Skaleneinheiten hier Dezimeter sind.

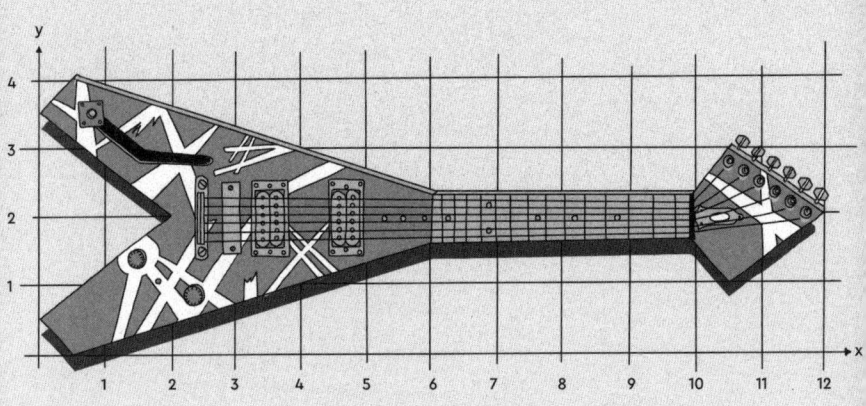

11.

Mit jedem Hören wird «Bohemian Rhapsody» noch ein bisschen geiler. Um genau 9 Prozent geiler, um genau zu sein. Beim wievielten Hören ist der Song doppelt so geil wie beim ersten Hören?

12.

Die neue Single von Mark Forster läuft im Radio. Du kotzt im Strahl. Der Strahl ist in der Skizze abgebildet, am Ende trifft er die eingezeichnete Wand, die parallel zur 1,5 m langen abgebildeten Strecke verläuft. Wie lang ist die getroffene Strecke an dieser Wand?

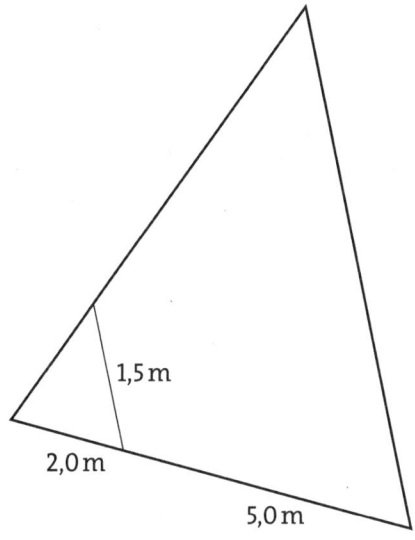

13.

Der Pur-Hitmix ist 9 Minuten und 27 Sekunden lang. Wie hoch ist die Wahrscheinlichkeit, dass man einen zehnsekündigen Ausschnitt irgendwo im Hitmix zu einer zufälligen Sekunde auswählt und in die Stelle mit dem Ausdruck «Seelen aneinanderreiben» reinhört (5:38 bis einschließlich 5:42), und vor lauter Fremdscham sofort zu Staub zerfällt?

14.

Ohne wirklich zu wissen, warum, hast du für deine Playlist die Zufallswiedergabe aktiviert. Dabei sind von den zehn Songs nur drei wirklich gut. Welchen Erwartungswert hat die Anzahl an Songs, die man sich anhören muss, bis erstmals ein gutes Lied läuft?

Sport

1.

Boris Becker ist 49 Jahre alt, er gibt Interviews, seit er 17 ist. Zu Beginn seiner Karriere hat Becker pro zehn Minuten Interview durchschnittlich 74 Mal «äh» gesagt, durch die steigende Erfahrung hat sich die Menge seiner «Ähs» pro Jahr jedoch um 7 Prozent verringert. Wie alt muss Becker werden, um in zwanzig Minuten Interview durchschnittlich nur noch einmal «äh» zu sagen?

✓

2.

Lothar Matthäus muss mal wieder Unterhalt zahlen. Seine neueste Exfrau schlägt ihm für die nächsten zwei Jahre folgende zwei Finanzmodelle vor:

a) 4 Euro zu Beginn und dann jeden Monat die Hälfte des bereits erhaltenen Geldes dazu.

b) 15 000 Euro Startgeld und dann jeden Monat 1500 Euro.

Wie soll sich Lothar Matthäus entscheiden?

LÖSUNG SEITE 180

3.

Uli Hoeneß hat 100 Sicherungen. Die Tabelle beschreibt, wie viele Sicherungen Hoeneß nach t Tagen himmelschreiend unfairer Berichterstattung über seinen FC Bayern nicht durchgebrannt sind.

t	0	100	200	300
Zahl	100	74	37	19

a) Wie hoch ist demnach die Wahrscheinlichkeit, dass eine Sicherung innerhalb der ersten 200 Tage durchbrennt.

b) Berechne für t = 0, 100, 200 die Wahrscheinlichkeit, dass eine Sicherung, die in den ersten t Tagen nicht durchgebrannt ist, in den nächsten 100 Tagen auch nicht durchbrennt.

4.

Auf die Frage, warum er Mats Hummels, Jérôme Boateng und Thomas Müller ausgebootet hat, eiert Jogi Löw rum. Berechne das Volumen des Eis, wenn dieses als Rotationskörper der Funktion $\frac{1}{2} \cdot \sqrt{x(3-x)(5-x)}$ auf dem Definitionsbereich [0,3] geschrieben werden kann.

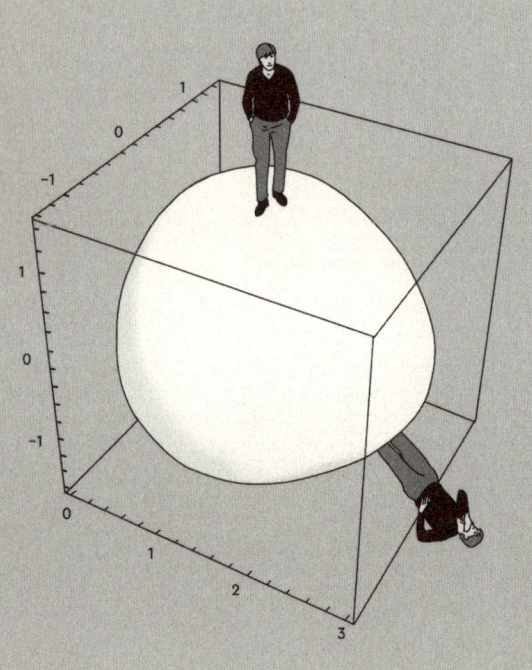

5.

Insgesamt gab es bis dato 27 Weltranglistenerste im Damentennis, 26 Weltranglistenerste im Herrentennis. Ziehen wir aus beiden Pools jeweils zufällig eine Person, um ein Ehepaar zu erhalten, wie wahrscheinlich war es, dass ausgerechnet Andre Agassi und Steffi Graf heiraten?

6.

Apropos: Die Silhouette von Steffi Grafs Nase folgt der Funktion $f(x) = x^2 \cdot (1-x)^6$ auf dem Definitionsbereich $[0,1]$ (siehe Steffi-Graph).

a) Zeige, dass $f'(x) = 2x \cdot (1-x)^5 \cdot (1-4x)$ und
   $f''(x) = 2 \cdot (1-x)^4 \cdot (28x^2 - 14x + 1)$ und folgere, dass die Nasenspitze bei $x_0 = \frac{1}{4}$ ein Maximum ist.

b) Berechne mittels Substitution den Inhalt unter der Kurve.

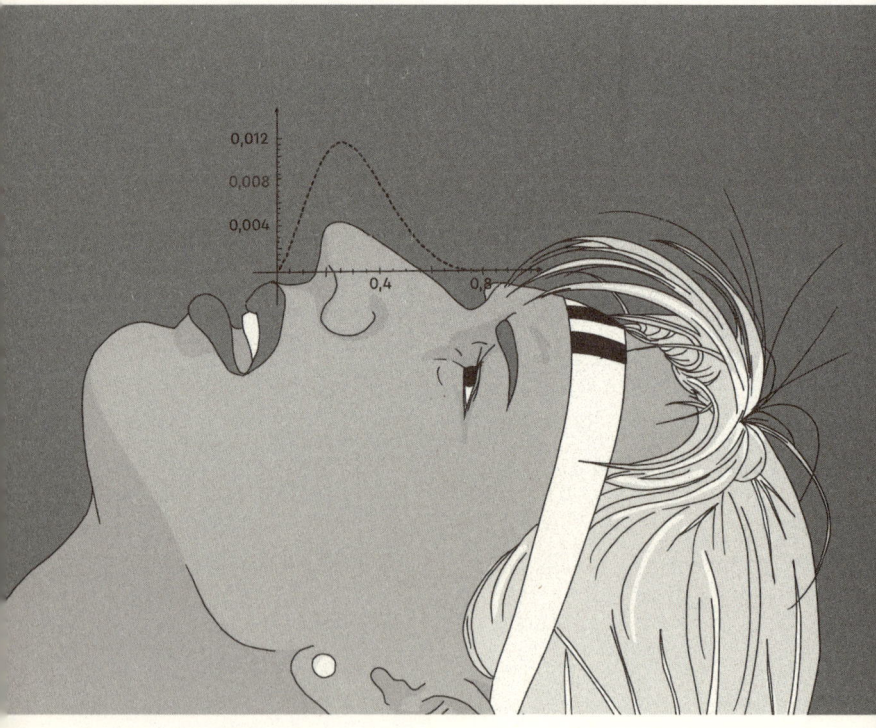

7.

Bis zur WM 2022 fließen ca. 185 Milliarden Euro in katarische Bauprojekte. Gehen wir davon aus, dass seit Januar 2011 durchschnittlich etwa 1,5 Millionen Gastarbeiter unter sklavenhaften Bedingungen für umgerechnet durchschnittlich 150 Euro Lohn pro Monat arbeiten. Die Arbeiten sollen bis zum Beginn der Weltmeisterschaft im November 2022 abgeschlossen sein. Welchen Anteil machen die Lohnkosten an den Gesamtkosten für die Bauprojekte? Dem ekelhaften Beispiel der ekelhaften FIFA folgend, vernachlässigen wir in der Rechnung, dass während der Bauphase 4302 der Sklavenarbeiter gestorben sind.

✓

8.

Niemand, absolut niemand dopt bei der Tour de France. Dennoch schafft es Bjarne Riis bei der Tour de France 1996, seinen Hämatokritwert auf 60 Prozent zu bringen. Mit einer Infusion erhöht Riis den Wert. Sein Ausgangswert liegt bei 52 Prozent. Wie viele Infusionen benötigt er, um sich seinen Spitznamen «Mr. 60 Prozent» zu verdienen, wenn ...

c) ... jede Infusion den Wert um 1,4 % des vorigen Wertes steigen lässt?

d) ... jede Infusion dazu führt, dass zur vorigen Prozentzahl 1,4 % aufaddiert werden? (Das heißt, nach der ersten Infusion wäre der Wert bei 52 % + 1,4 %.)

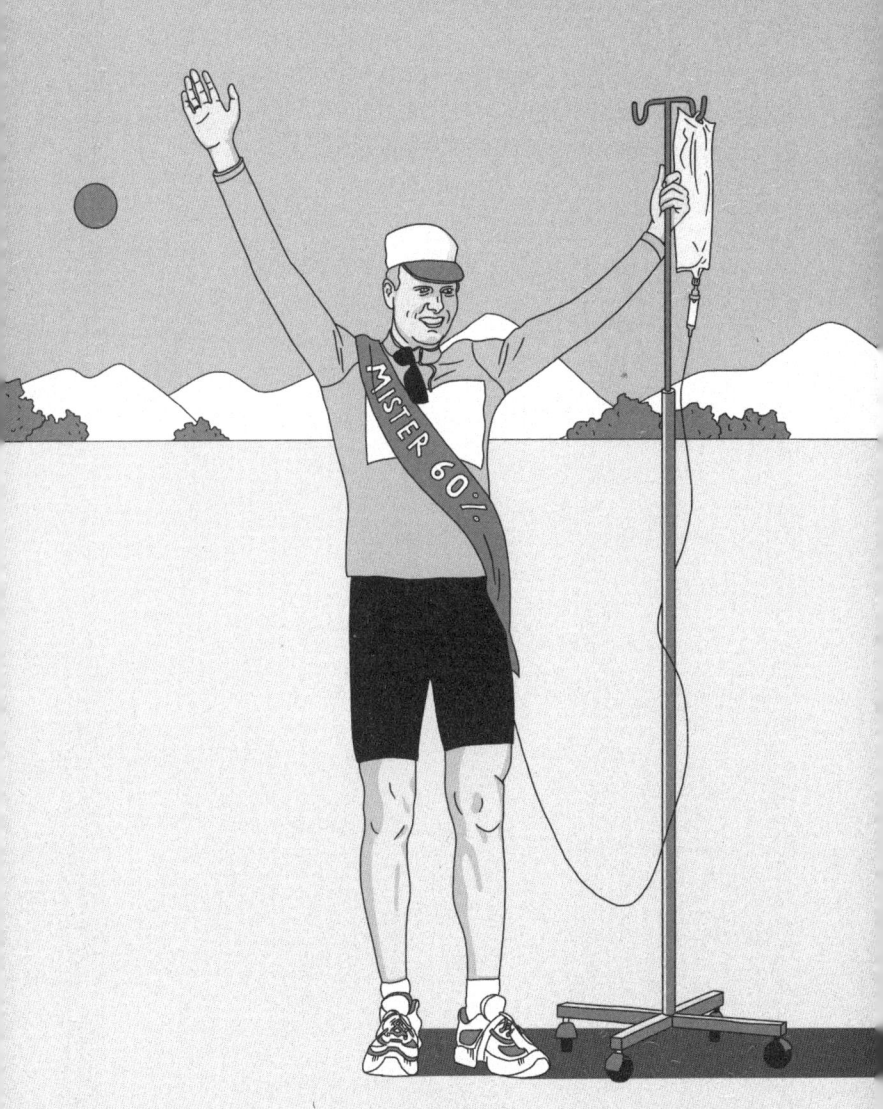

9.

Oh mein Gott. Der Macho Man Randy Savage steigt aufs oberste Seil. Er wird doch nicht ..., doch, er springt mit seinem Elbow Drop auf den am Boden liegenden Razor Ramon. Zeichne in ein passendes Koordinatensystem die Flugkurve, die von $x = 0$ bis $x = 3$ der Parabel $-(x - 1)^2 + 4$ entspricht.

10.

1991 ist Andre Agassi der coolste Tennisspieler der Welt. Seine Coolness wird wie folgt zusammengesetzt: 32 % coole Vokuhilafrisur. 13 % cooles Stirnband. 5 % coole Schweißbänder. 18 % cooles Goldkettchen. 13 % coole Brusthaare. 6 % cool Kaugummi kauen. 13 % coole Tennis-Sneaker. Erstelle ein Tortendiagramm, welches die Zusammensetzung seiner Coolness illustriert.

11. ✓

Mike Tyson beißt Evander Holyfield 12,3 Prozent seines Ohres ab. Zuvor hatte das Ohr eine Fläche von 17,6 Quadratzentimetern. Wie groß ist die verbleibende Fläche?

12. ✓

Eric Cantona erwischt einen Fußballfan nach 14 Metern, die er in 1,72 Sekunden sprintet, mit einem perfekten Kung-Fu-Tritt. Mit welcher Geschwindigkeit erwischt er ihn? Wie groß ist die kinetische Energie, wenn Cantona 88 kg wiegt?

X

13.

Jay Jay Okocha lässt die gesamte Defensive des Karlsruher SC aussteigen. Oliver Kahn steigt dabei nach jeder sechsten Ballberührung aus, Burkhardt Reich nach jeder dritten und Gunther Metz nach jeder achten. Wie viele Ballkontakte braucht Okocha, um erstmalig alle drei Spieler gleichzeitig aussteigen zu lassen und im Anschluss das Tor zu erzielen?

14.

In den sechs Finalspielen gegen Miami ist Dirk Nowitzki der überragende Spieler. Insgesamt erzielt er 156 Punkte, wobei er den Ball insgesamt 97-mal im Korb unterbringt und genauso viele Freiwürfe (welche einen Punkt bringen) wie 2-Punkte-Würfe versenkt. Auf wie viele erfolgreiche Freiwürfe, 2-Punkte-Würfe und 3-Punkte-Würfe brachte es Nowitzki für die Mavericks?

Film und Fernsehen

1.

Der Tag läuft nicht gut für John McClane und Zeus Carver. An einem Brunnen bekommen sie von Simon die Aufgabe, mit einem 3- und einem 5-Gallonen-Kanister genau 4 Gallonen abzumessen. Hilf Zeus und McClane, damit sie an diesem Tag nicht langsam sterben.

2a.

Rambo tötet im ersten Film eine Person, im zweiten 58, im dritten 78 und im vierten 83. Welche prozentuale Steigerung liegt zwischen den Filmen?

2b. ✓

Rambo gesteht seinem Therapeuten, dass er 220 Menschen getötet hat. Dieser will den Notruf 911 wählen, aber weil seine Hände so zittern, hat er bei jedem Tastendruck eine Chance von 13 Prozent, die falsche Taste zu drücken. Wie hoch ist die Chance, dass er beim ersten Versuch die 911 richtig wählt?

3.

Didi Hallervorden steht seit 39 Jahren im Schnitt 80 Abende im Jahr auf der Bühne. Pro Abend macht er 79 Gags, davon sind 4 gut. Wenn er nach 50 Bühnenjahren seine Karriere beendet, wie viele gute Gags hat er gemacht?

4. ✗

Mit Beginn seiner Karriere am 2.12.1982 schnupft Charlie Sheen täglich 0,8 g Kokain. Er wiegt 75,2 kg. An welchem Tag hat Sheen mehr als ein Zehntel seines Körpergewichts in Kokain konsumiert? (Beachte, dass alle durch vier teilbaren Jahre Schaltjahre sind.)

5.

Gordie Lachance, Chris Chambers, Teddy Duchamp und Vern Tessio suchen die Leiche von Ray Browers. Es gibt von Castle Rock aus allerdings keine direkte Verbindung zum Waldweg nach Harlow, weswegen die vier Jungs zunächst den Bahnschienen folgen (6,7 km), dann noch durch das Sumpfgebiet müssen (3,2 km). Wie weit Luftlinie entfernt von Castle Rock ist Ray Browers vom Zug erwischt worden?

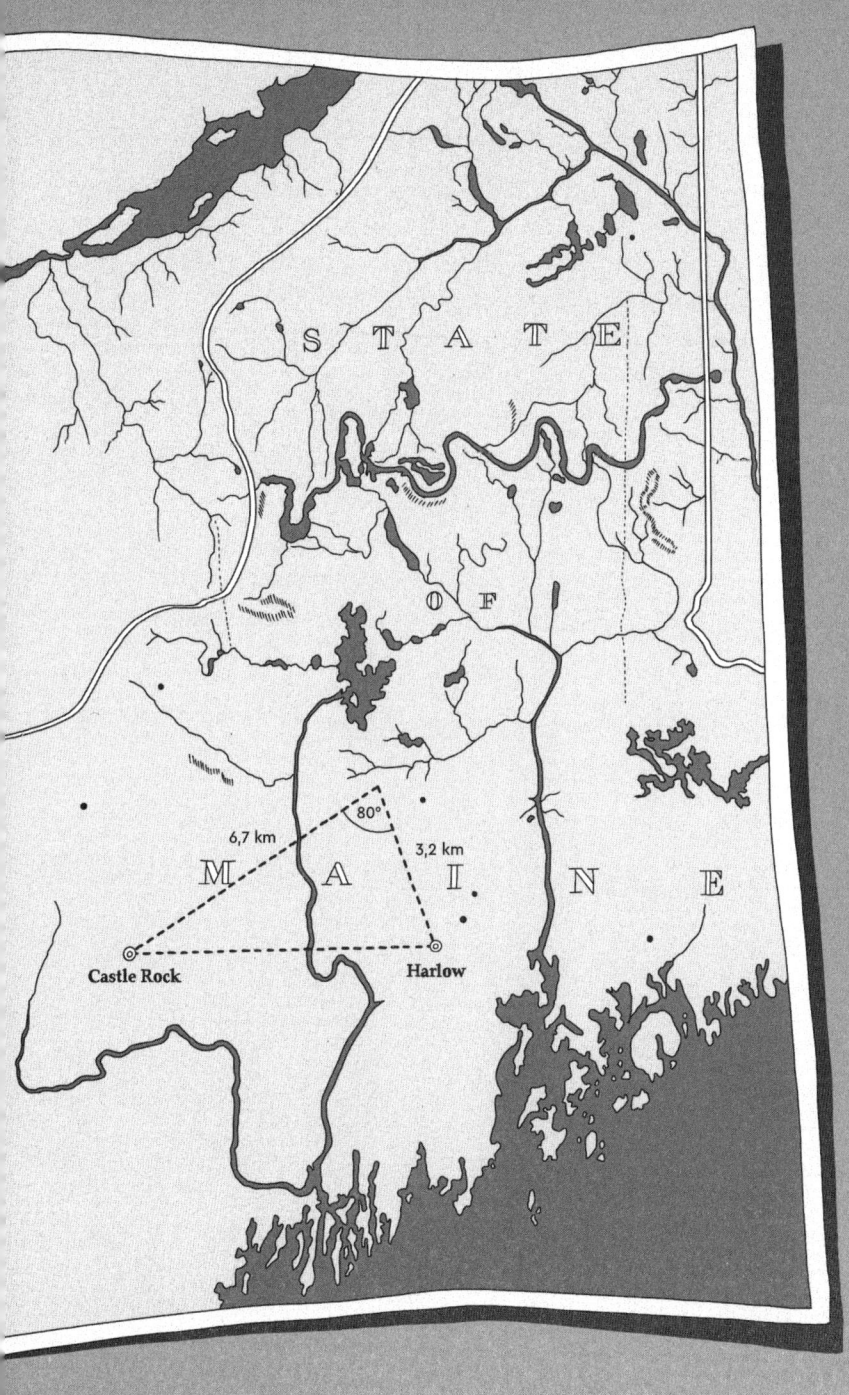

6.

Hape Kerkelings «Kein Pardon» wird mit jedem Jahr besser. Bei Veröffentlichung hat der Film von 1993 ein IMDB-Rating von 6,6, pro Jahr steigt es um 1%. In welchem Jahr hat der Film endlich die verdiente Bewertung von 10,0?

7.

Arnold Schwarzenegger hat in «The Terminator» exakt 17 Sätze Text, einer davon ist «I'll be back». Nehmen wir an, dass er in drei neuen Terminator-Filmen wieder jeweils 17 Sätze Text bekommt, von denen jeweils einer an zufälliger Stelle «I'll be back» wäre. Wie hoch wäre dann die Wahrscheinlichkeit, dass ein Film mit dem Satz endet und der nächste Film mit dem Satz beginnt?

8.

Letztes Jahr gab es sechs Superheldenfilme im Kino. Die Anzahl der Superheldenfilme potenziert sich jedes Jahr um 1,73. Ein Superheldenfilm hat durchschnittlich 154 Minuten, ein Jahr hat 525 600 Minuten. Nach wie vielen Jahren kann man ein ganzes Jahr lang ohne Pause unterschiedliche Superheldenfilme gucken?

9.

Die Folge $x_n = \frac{1}{n} \sin(n) - \frac{1}{n}$ zeigt das schauspielerische Niveau Adam Sandlers in Abhängigkeit der Anzahl an Filmen n, in denen er mitwirkt. Zeige, dass das Niveau stets unterirdisch ist (also nie größer als null), aber immerhin im Laufe der Zeit gegen null konvergiert.

10.

In «Indiana Jones – Jäger des verlorenen Schatzes» sucht Indiana Jones im Dschungel nach einer goldenen Statue. Diese steht in einem Tempel allerdings auf einer Art Podest, und würde er die Statue (Maße ca. 8 cm × 12 cm × 18 cm) einfach mitnehmen, löste dies einen tödlichen Mechanismus aus. Daher will er Sand und einen Beutel (mit vernachlässigbarem Gewicht) mit den Seitenlängen 10 cm × 10 cm × 15 cm verwenden, um die Statue zu ersetzen. Leider waren die Drehbuchautoren weder gut im Rechnen noch im Schätzen, weswegen Indiana Jones die Falle auslöst. Um wie viel haben sich die Drehbuchautoren vertan, wenn Gold eine Dichte von $19{,}29 \frac{g}{cm^3}$ und Sand eine Dichte von $1{,}7 \frac{g}{cm^3}$ hat?

11. ✗ Mio Lichtjahre.

In Steven Spielbergs «ET» will ET nach Hause telefonieren. Hätte er ein echtes Telefon benutzt, welches den Empfänger 0,000 000 02 Sekunden pro Kilometer verzögert erreicht, um seinen 3 149 785 Millionen Lichtjahre entfernten Heimatplaneten anzurufen, um wie viele Jahre wäre ET gealtert, bis es das erste Mal auf seinem Heimatplaneten getutet hätte? (Hinweis: Ein Lichtjahr ist die Strecke, die das Licht in einem Jahr zurücklegt. Die Lichtgeschwindigkeit beträgt 299 792,458 $\frac{km}{s}$.)

12.

In «Gilbert Grape – Irgendwo in Iowa» benötigt Leonardo DiCaprio genau 27 Minuten, um Johnny Depp an die Wand zu spielen. Wie viele DiCaprios bräuchte es, um Depp schon nach 3 Minuten an die Wand zu spielen? Gehe davon aus, dass eine antiproportionale Zuordnung vorliegt.

13.

Christian Bale wiegt 84 Kilogramm. Für den Film «The Machinist» hungert er sich auf 55 Kilogramm runter. Wieder bei seinem ursprünglichen Gewicht angekommen, nimmt er für den Film «Vice» bis auf 103 Kilogramm zu. Wie viel Prozent seines eigenen Körpergewichts hat Bale zu- und abgenommen?

14.

In der großartigsten Schießerei der Actionfilmgeschichte zerlegen Robert De Niro, Al Pacino, Val Kilmer und Co. in «Heat» nach einem Banküberfall einen ganzen Straßenzug. Wie es der Zufall will, zerlegen sie dabei auch die Zahlen 3080 und 693 in Primfaktoren. Berechne die Primfaktorzerlegungen und den größten gemeinsamen Teiler der beiden Zahlen.

15.

Will Hunting will eigentlich nur seine Spätschicht als Hausmeister am MIT hinter sich bringen. Dann aber entdeckt er an einer Tafel (Seite 142/143) folgendes lächerlich einfaches mathematisches Problem:

Bei der Abbildung handelt es sich um einen Graphen, die Punkte mit den Beschriftungen 1 bis 4 nennt man Knoten, die Linien, die zwei Knoten miteinander direkt verbinden, nennt man Kanten.

a) Erstelle eine Tabelle mit vier Zeilen und vier Spalten und trage in die erste Zeile ein, wie viele Kanten Knoten 1 mit Knoten 1, 2, 3, bzw. 4 direkt verbinden, wiederhole das in der zweiten Zeile für Kanten, die vom Knoten 2 ausgehen, in der dritten Zeile für Knoten, die von Knoten 3 ausgehen, und in der letzten Zeile für Kanten, die von 4 ausgehen.

b) Wie viele Möglichkeiten gibt es, zum Knoten 1 zu gelangen, wenn wir in 1 starten und zwischendurch drei Kanten entlanglaufen?

c) Mache dich mit dem Begriff der Matrix vertraut und wie man Matrizen miteinander multipliziert. Fasse die Tabelle aus a) als Matrix A auf und berechne $A \cdot A$. Was geben die Einträge der Matrix an? Kann man b) auch mit Matrixmultiplikation lösen?

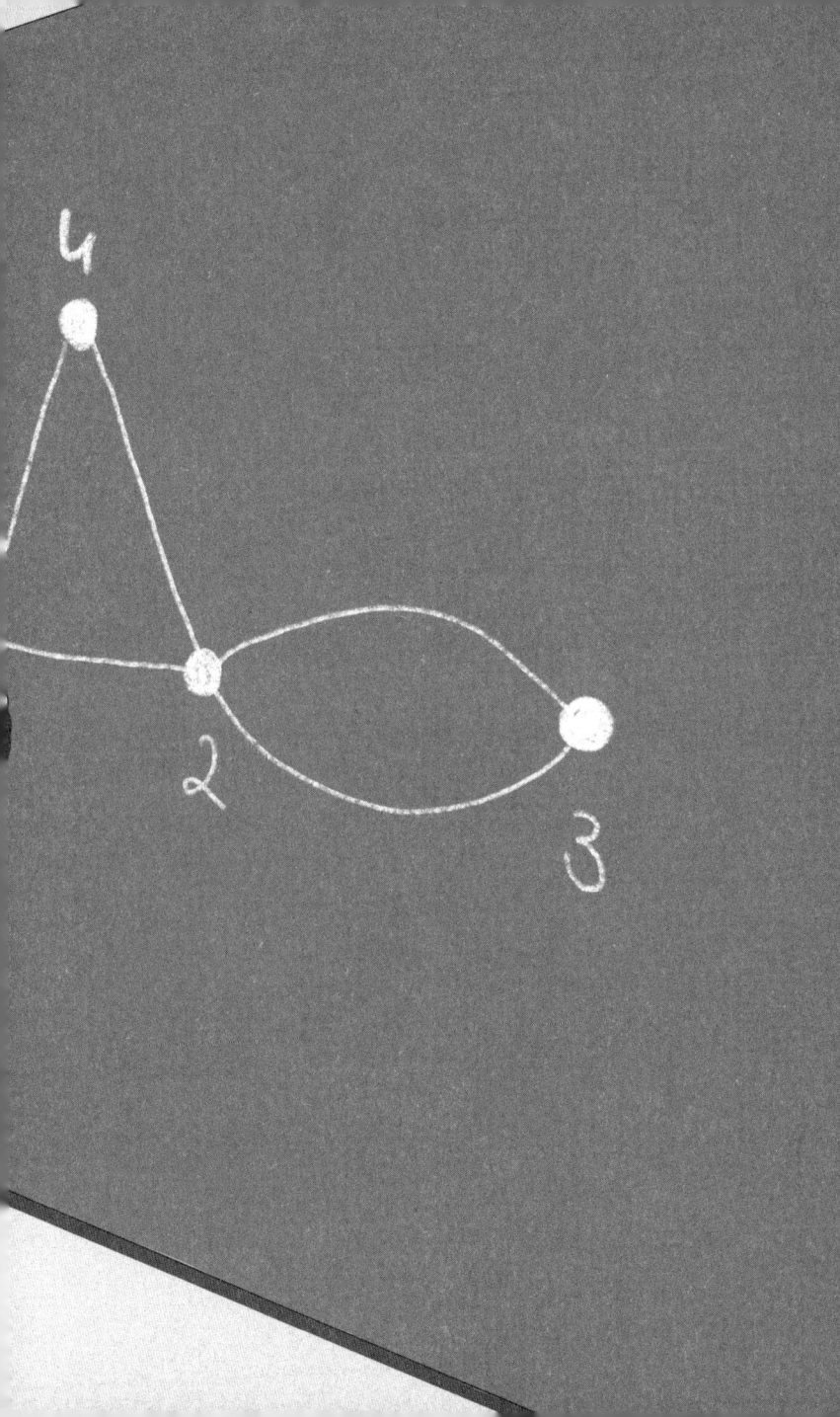

Lösungen

1.

Für die Skizze nutzen wir die Konstruktion mittels der Kongruenzsätze (SSW). So erhalten wir ein Dreieck und durch Spiegeln das Viereck:

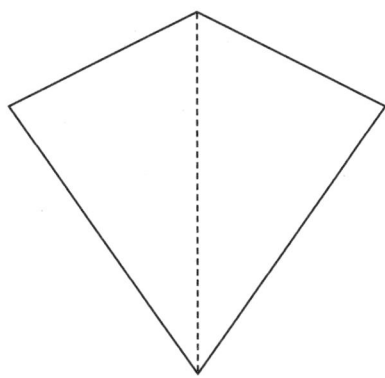

Zu b): Wir können die Fläche der halben Merkel-Raute berechnen, indem wir das Dreieck aufgespannt von Daumen und Zeigefinger einer Hand betrachten (siehe nicht maßstabsgetreue Skizze oben). Dies entspricht einer Hälfte des Bildes, von den oberen Seiten und der gestrichelten Linie kennen wir die Längen, den Winkel zwischen diesen Seiten bezeichnen wir mit α. Für den Flächeninhalt eines Dreiecks gilt

$$A_D = 5\,cm \cdot 3\,cm \cdot \frac{\sin(\alpha)}{2}$$

Wir bestimmen den unteren Winkel β mittels Sinussatz:

$$\frac{\sin(\beta)}{3\,cm} = \frac{\sin(80°)}{5\,cm} \Rightarrow \beta = \arcsin\left(\frac{3}{5}\sin(80°)\right) = 36{,}22° \Rightarrow \alpha$$
$$= 180° - 80° - \beta = 63{,}78°$$

Also gilt $A_{Raute} = 2 \cdot A_D = 5\,cm \cdot 3\,cm \cdot \sin(\alpha) = 13{,}46\,cm^2$

2.

Wir suchen das kleinste gemeinsame Vielfache von 3, 5, 7 und 8. Da die Zahlen teilerfremd sind, erhalten wir $kgV(3,5,7,8) = 3 \cdot 5 \cdot 7 \cdot 8 = 840$. Damit das dreimal passiert, müssen $3 \cdot 840 = 2520$ Tweets vergehen. Bei 3,5 Tweets pro Tag macht das $\frac{2520}{3,5} = 2520 \cdot \frac{2}{7} = 360 \cdot 2 = 720$ Tage bis zum Ausbruch des Dritten Weltkrieges.

3.

Partielle Integration liefert

$\int_0^{2\pi} \sin(x)^2 dx = \int_0^{2\pi} \sin(x) \cdot \sin(x) dx = [\sin(x) \cdot (-\cos(x))]_0^{2\pi} - \int_0^{2\pi} \cos(x) \cdot (-\cos(x)) dx = \int_0^{2\pi} \cos(x)^2 dx = \int_0^{2\pi} (1 - \sin(x)^2) dx = 2\pi - \int_0^{2\pi} \sin(x)^2 dx \Rightarrow$

$2 \cdot \int_0^{2\pi} \sin(x)^2 \, dx = 2\pi$

Also beträgt der Flächeninhalt gleich π.

4.

Man erhält

$$0 = ax_1^2 + bx_1 + c,$$
$$0 = ax_2^2 + bx_2 + c,$$
$$0 = ax_3^2 + bx_3 + c.$$

Also

$$c = -ax_1^2 - bx_1,$$
$$c = -ax_2^2 - bx_2,$$
$$c = -ax_3^2 - bx_3.$$

Es folgt

$$0 = c - c = -ax_2^2 - bx_2 + ax_1^2 + bx_1 = a(x_1^2 - x_2^2) + b(x_1 - x_2) \text{ , also}$$

$$b(x_1 - x_2) = -a(x_1^2 - x_2^2) \Rightarrow b = -a \frac{x_1^2 - x_2^2}{x_1 - x_2} = -a(x_1 + x_2).$$

Hierbei kann man durch $x_1 - x_2$ teilen, weil $x_1 \neq x_2$. Analog erhält man $b = -a(x_1 + x_3)$ und $b = -a(x_2 + x_3)$. Es folgt $0 = b - b = -a(x_1 + x_3) + a(x_1 + x_2) = a(x_2 - x_3)$. Da aber auch $x_2 \neq x_3$ gilt, ist $x_2 - x_3 \neq 0$, und es muss $a = 0$ sein, und aus obiger Darstellung folgt $b = -a(x_1 + x_2) = 0$ und schließlich auch $c = -ax_1^2 - bx_1 = 0$. Somit gilt stets $y = ax^2 + bx + c = 0$.

5.

Wir benötigen den Zeitpunkt, an dem das Zelt mit 2000 Hektolitern heißer Luft gefüllt ist. Das ist nach 200 Minuten der Fall, also nach drei Stunden und 20 Minuten.

6.

Wir berechnen das Volumen des Todessterns über die Formel fürs Kugelvolumen: Ist $d = 144\,000\,m$ der Durchmesser, so beträgt das Volumen V $= \frac{1}{6} \pi d^3$, und wir erhalten als Kosten $V \cdot 16{,}3\,\frac{kg}{m^3} \cdot 44\frac{Rb}{kg} \approx 1{,}12$ Trillionen Rubel.

7.

Wir testen die Nullhypothese H_0: Die Wahrscheinlichkeit p, dass ein Satz gelogen ist, beträgt höchstens 8 % gegen H_1: p > 0,08. Hierfür betrachten wir die Zufallsvariable $X \sim Bin(200; 0{,}08)$ (X ist binomialverteilte Zufallsvariable bei 200 Versuchen mit Erfolgswahrscheinlichkeit 8 %). Man kann nun aus einer entsprechenden Tabelle ablesen, dass die kleinste natürliche Zahl n, für die $P\,(X \geq n) \leq \alpha = 5\,\%$ gilt, $n = 23$ ist. Gilt die Nullhypothese, so würde Johnson mit einer Wahrscheinlichkeit von weniger als 5 % über 23 Lügen in 200 Sätzen einbauen. Für unseren Test bedeutet das, dass wir die Nullhypothese bei 23 oder mehr Lügen ablehnen.

Zwölf Millionen Friseurbesuche führen zu einem Umsatz von zwölf Millionen Dollar, das ergibt einen Anteil von $\frac{12}{18\,800}$ = 0,064 % am BIP.

Es wurden m = 950 g Gold benötigt. Daher wurden
$V = \frac{m}{\rho} = \frac{950\,g}{19\frac{g}{cm^3}}$ = 50 cm^3 Wasser verdrängt. Das entspricht 0,05 Liter.

Betrachten wir die nachfolgende Skizze: Wir können die Trapezfläche berechnen, wenn wir die Höhe h ermitteln.

Wir nutzen nun die Symmetrie aus, um beim rechtwinkligen Dreieck mit Seiten $\overline{AD}$, h und dem entsprechenden Teilstück der Seite $\overline{AB}$ die Länge letzterer Seite zu berechnen. Diese muss die Hälfte der Differenz der Längen von Ober- und Unterseite betragen, also

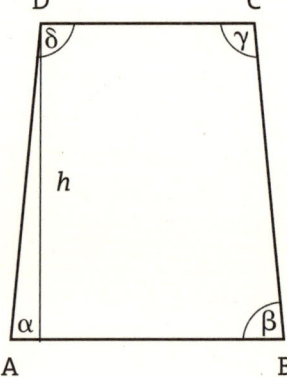

$$\frac{3,6\,cm - 2,8\,cm}{2} = 0,4\,cm.$$

Somit liefert der Satz des Pythagoras

$$h = \sqrt{(0,4\,cm)^2 + (3,9\,cm)^2} \approx 3,92\,cm.$$
$$(-)$$

Die Fläche des Trapezes berechnet sich nun als

$$\frac{3,6\,cm + 2,8\,cm}{2} \cdot h \approx 12,5\,cm^2.$$

Insgesamt stieg die Schätzung um 15 Milliarden Pfund. Bei 1200 Tagen macht das $\frac{15}{1200} = \frac{1}{80}$ Milliarden Pfund pro Tag, was 12,5 Millionen

Pfund ergibt. Somit können wir $a = 12\,500\,000$ und $b = 21\,000\,000\,000$ setzen, was bei geeigneter Skalierung den folgenden Graphen ergibt:

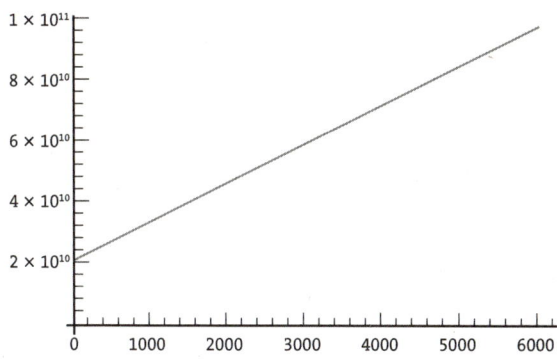

12.

Der Flächeninhalt beträgt $A = a \cdot b \cdot \pi = 2\,cm^2 \cdot \pi \approx 6{,}3$ cm².

13.

Wir teilen durch zwei und erhalten $x^2 - \frac{15}{2}x + \frac{7}{2} = 0$. Die pq-Formel ergibt

$$x_{1/2} = \frac{15}{4} \pm \sqrt{\left(\frac{15}{4}\right)^2 - \frac{7}{2}} = \frac{15}{4} \pm \sqrt{\frac{225}{16} - \frac{56}{16}} = \frac{15}{4} \pm \sqrt{\frac{169}{16}} = \frac{15}{4} \pm \frac{13}{4}.$$

Somit erhalten wir als Nullstellen $x_1 = \frac{15}{4} + \frac{13}{4} = \frac{28}{4} = 7$ und

$$x_2 = \frac{15}{4} - \frac{13}{4} = \frac{2}{4} = \frac{1}{2}.$$

14.

a) Wir erhalten als Koordinatensystem

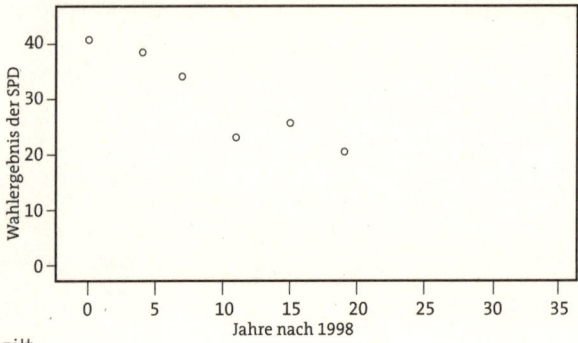

b) Es gilt

$$R(a, b) = (ax_1 + b - y_1)^2 + (ax_2 + b - y_2)^2 + \cdots + (ax_6 + b - y_6)^2.$$

Wir leiten nach a ab und nennen die Ableitung R_a. Dann können wir jeden Summanden einzeln ableiten und erhalten mit der Kettenregel

$$R_a = x_1 \cdot 2(ax_1 + b - y_1) + x_2 \cdot 2(ax_2 + b - y_2) + \cdots + x_6 \cdot 2(ax_6 + b - y_6).$$

Man überprüft schnell, dass die zweite Ableitung R_{aa} dem Ausdruck $2x_1^2 + 2x_2^2 + \cdots + 2x_6^2 > 0$ entspricht. Daher können wir zum Minimieren $R_a = 0$ setzen. Wenn wir nun noch durch 2 teilen, folgt

$$\begin{aligned}
0 &= ax_1^2 + bx_1 - y_1x_1 + ax_2^2 + bx_2 - y_2x_2 + \cdots + ax_6^2 + bx_6 - y_6x_6 \\
&= a(x_1^2 + x_2^2 + \cdots + x_6^2) + b(x_1 + x_2 + \cdots + x_6) - (x_1y_1 + x_2y_2 + \cdots + x_6y_6).
\end{aligned}$$

Leiten wir nun nach b ab, so erhalten wir

$$\begin{aligned}
R_b &= 2 \cdot (ax_1 + b - y_1) + 2 \cdot (ax_2 + b - y_2) + \cdots + 2 \cdot (ax_6 + b - y_6) \\
&= 12b + 2a(x_1 + x_2 + \cdots + x_6) - 2(y_1 + y_2 + \cdots + y_6)
\end{aligned}$$

Die zweite Ableitung R_{bb} entspricht dann $12 > 0$, somit können wir wieder die Gleichung null setzen und erhalten

$$0 = 12b + 2a(x_1 + x_2 + \cdots + x_6) - 2(y_1 + y_2 + \cdots + y_6)$$

$$\Rightarrow b = \tfrac{1}{6}(y_1 + y_2 + \cdots + y_6) - a \cdot \tfrac{1}{6}(x_1 + x_2 + \cdots + x_6) = \overline{y} - a\overline{x}$$

mit den entsprechenden Notationen für den jeweiligen Durchschnitt. Setzen wir nun b in die obige Gleichung für das Minimum bezüglich a ein, so erhalten wir

$$0 = a(x_1^2 + x_2^2 + \cdots + x_6^2) + (\overline{y} - a\overline{x})(x_1 + x_2 + \cdots + x_6) - (x_1 y_1 + x_2 y_2 + \cdots + x_6 y_6)$$
$$\Rightarrow a\big(\overline{x}(x_1 + x_2 + \cdots + x_6) - (x_1^2 + x_2^2 + \cdots + x_6^2)\big)$$
$$= \overline{y}(x_1 + x_2 + \cdots + x_6) - (x_1 y_1 + x_2 y_2 + \cdots + x_6 y_6)$$
$$\Rightarrow a = \frac{\overline{y}(x_1 + x_2 + \cdots + x_6) - (x_1 y_1 + x_2 y_2 + \cdots + x_6 y_6)}{\overline{x}(x_1 + x_2 + \cdots + x_6) - (x_1^2 + x_2^2 + \cdots + x_6^2)}$$

Setzen wir nun die Werte aus der Tabelle ein, erhalten wir $\overline{x} = \tfrac{28}{3}$, $\overline{y} = \tfrac{182{,}8}{6}$, und der Ausdruck wird minimiert für $\hat{a} \approx -1{,}14$ und $\hat{b} \approx 41{,}12$

c) Wir zeichnen in unsere «Punktwolke» den Graphen ein und erhalten

Lösen wir $5 = \hat{a}x + \hat{b}$ nach x auf, so erhalten wir $x = \frac{5 - \hat{b}}{\hat{a}} \approx 31{,}6$. Somit

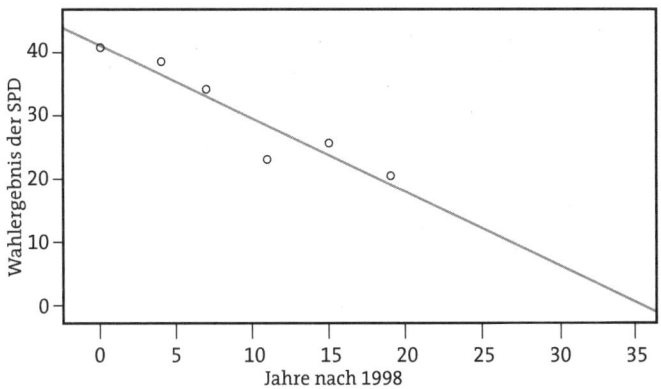

wäre die SPD, wenn es so weitergeht, etwa im Jahre 2029 bei den Wählern unter 5 %.

1.

Wir rechnen

$$38 \cdot \frac{44\,726\,362}{4} \cdot 7{,}3 \cdot 0{,}3\,Wh = 930\,531\,961{,}41\,Wh \approx 930\,532\,kWh$$

Das entspricht etwa dem jährlichem Stromverbrauch von 233 vierköpfigen Familienhaushalten.

2a.

In den fünf Stunden haben wir Zeit für 20 verschiedene Gesprächspartner, das heißt, wir hätten $\binom{37}{20}$ mögliche Gesprächspartner für den Abend. Sei nun k eine Zahl zwischen 0 und 6. Wir wollen die Anzahl an Konstellationen berechnen, dass lediglich k Kollegen Sie zum Schnaps anstiften. Es gibt $\binom{11}{k}$ Möglichkeiten, k Personen aus den 11 Kollegen auszuwählen, welche Sie zum Trinken überreden, sowie $\binom{26}{20-k}$ Möglichkeiten, genau $20 - k$ gesittetere Personen anzutreffen, also insgesamt $\binom{11}{k} \cdot \binom{26}{20-k}$ Kombinationen. Die Wahrscheinlichkeit, dass Sie nicht Macarena tanzen, ist nun die Anzahl an möglichen Konstellationen an Gesprächspartnern, bei welchen dies nicht geschieht, durch die Anzahl aller möglichen Kombinationen an Gesprächspartnern, also

$$\frac{\binom{11}{0} \cdot \binom{26}{20} + \cdots + \binom{11}{6} \cdot \binom{26}{14}}{\binom{37}{20}} \approx 65{,}3\,\%$$

Somit liegt die Wahrscheinlichkeit, dass Sie Macarena tanzen, als Gegenwahrscheinlichkeit bei etwa 34,7 %.

2b.

Die Wahrscheinlichkeit, dass Sie k-mal richtigliegen, beträgt $\binom{17}{k} \cdot 0{,}5^{17}$, Sie müssen mindestens 12-mal richtigliegen, dies hat eine Wahrscheinlichkeit von

$$0{,}5^{17} \cdot \left(\binom{17}{12} + \binom{17}{13} + \cdots + \binom{17}{17} \right) \approx 7{,}2\,\%$$

3.

Mit den Angaben erhalten wir $\frac{24{,}755\,m \cdot 3{,}89\,m \cdot 2{,}95\,m}{0{,}75\,m^3/\text{Min}} \approx 379$ Min , das entspricht also 6 Stunden und 19 Minuten.

4a.

Sie werden mit 15 Ärgernissen konfrontiert, wir betrachten zunächst, wie viele verschiedene Kombinationen es gibt, an denen Ihr Pulliärmel ins Wasser rutscht. Die Anzahl entspricht gerade der Anzahl an Möglichkeiten, drei Positionen aus 15 auszuwählen, also $\binom{15}{3}$. Wir wissen somit nun, wann Ihnen der Ärmel ins Wasser rutscht, bleiben zwölf Möglichkeiten dafür, dass Ihnen fünfmal das Oberteil über einen Löffel vollgespritzt wird. Analog erhalten wir $\binom{12}{5}$ mögliche Fälle. Da danach festgelegt ist, wann Ihnen das dritte Ärgernis widerfährt, kommen wir also insgesamt auf $\binom{15}{3} \cdot \binom{12}{5} = 360\,360$ mögliche Anordnungen dieser Ärgernisse.

4b.

Bei einmaligem Abwaschen beträgt die Wahrscheinlichkeit $1 - \frac{5}{15} = \frac{2}{3}$, dass der Löffel nicht das letzte Ärgernis ist. Wir wollen also die Anzahl n finden, für die $1 - \left(\frac{2}{3}\right)^n > 0{,}94$ gilt. Umstellen ergibt, dass $0{,}06 > \left(\frac{2}{3}\right)^n$ gelten muss, also $\log_{\frac{2}{3}} 0{,}06 < n$, somit muss man mindestens siebenmal abwaschen, damit mindestens einmal der Löffel das letzte Ärgernis war.

5.

$1\,cm^2 = \frac{1}{10\,000}\,m^2$, somit werden $2 \cdot \frac{8,3}{10\,000}\,m^2 \cdot 17\,203 \approx 28,56\,m^2$ Gehweg von Hundescheiße bedeckt, ein zufällig ausgewählter Punkt ist somit zu $\frac{28,56}{692\,934} \approx 41 : 1\,000\,000$ Teil einer Tretmine. Wir berechnen die Wahrscheinlichkeit, dass man bei 3000 zufälligen Schritten nicht in Scheiße tritt. Diese ist

$$\left(1 - \frac{28,56}{692\,934}\right)^{3000} \approx 88,4\,\%$$

Somit liegt die Wahrscheinlichkeit, auf dem Heimweg in Scheiße zu treten, bei 11,6 %. `

6.

Nach n Minuten beschäftigen sich $486\,297 \cdot (0,981)^n$ Hirnzellen mit dem Thema. Wir rechnen

$$486\,297 \cdot (0,981)^n = 1 \Rightarrow n = \log_{0,981}\left(\frac{1}{489\,297}\right) \approx 682,9$$

Somit bedarf es 683 Minuten, bis keine ganze Hirnzelle mehr an den Gedanken verschwendet wird.

7.

Wir rechnen, wie viele verschiedene 57-Sekunden-Intervalle in 60 Jahren vergehen, und multiplizieren das mit den 1,4 Sekunden Smartphone-Nutzung. Das ergibt

$$\frac{(60 \cdot 365 \cdot 24 \cdot 60 \cdot 60)}{57} \cdot 1,4/(24 \cdot 60 \cdot 60) = \frac{60 \cdot 365 \cdot 1,4}{57} \approx 538$$

Tage, die Sie am Smartphone verbringen.

8.

Für $x \to \infty$ ist der Grenzwert der Form «$0 \cdot \infty$», schreiben wir das als Bruch um, erhalten wir $\frac{x^2}{e^x}$, und wir können die Regel von l'Hospital anwenden: Ableiten von Zähler und Nenner ergibt $\frac{2x}{e^x}$ was wieder ein Ausdruck der Form «∞/∞» ist, wenn wir gegen unendlich gehen. Somit wenden wir ein zweites Mal l'Hospital an und erhalten $\frac{2}{e^x}$. Es folgt $\lim_{x \to \infty} e^{-x} \cdot x^2 = \lim_{x \to \infty} \frac{2}{e^x} = 0$

9.

Wir bezeichnen die Seitenlänge der Waage mit d. Der kleine Halbkreis hat eine Fläche von $\frac{1}{2} \cdot \pi \cdot \frac{d^2}{4} = \frac{\pi d^2}{8}$. Wir müssen nun also die größere Fläche betrachten, welche Teil eines Kreises ist. Zunächst stellen wir fest, dass der Schnittpunkt der beiden Diagonalen des Quadrats der Mittelpunkt dieses Kreises ist. (Wenn man es zeigen will: Die Diagonale des Quadrats bildet mit zwei Seiten des Quadrats ein rechtwinkliges Dreieck. Der Umkreis eines rechtwinkligen Dreiecks ist der Thaleskreis, welcher als Durchmesser die Länge der Hypotenuse, also in unserem Fall die Länge der Diagonale des Quadrats hat.) Somit besitzt der Kreis den Durchmesser $\sqrt{d^2 + d^2} = \sqrt{2}d$, da das mit dem Satz des Pythagoras der Länge der Diagonale des Quadrats entspricht. Der gesamte Kreis hat also einen Inhalt von $\pi \cdot \frac{(\sqrt{2}d)^2}{4} = \pi \cdot \frac{d^2}{2}$. Jedoch liegen nur $\frac{3}{4}$ der Fläche außerhalb des Quadrats in dem markierten Bereich, somit betrachten wir insgesamt eine Fläche von $d^2 + \frac{3}{4} \cdot \left(\pi \cdot \frac{d^2}{2} - d^2\right) = \left(1 + \frac{3}{4} \cdot \left(\pi \cdot \frac{1}{2} - 1\right)\right) d^2 = \left(\frac{1}{4} + \frac{3}{8} \cdot \pi\right) d^2$. Der linke Term entspricht hierbei der Summe aus der Fläche des Quadrats und der markierten Fläche außerhalb des Quadrats. Wir können nun die beiden Flächen teilen und erhalten:

$$\frac{\frac{\pi \cdot d^2}{8}}{\left(\frac{1}{4} + \frac{3}{8}\pi\right) d^2} = \frac{\pi}{2 + 3\pi} \approx 27{,}5\,\%$$

10.

a) Die Funktion geht für $x \uparrow 0$ gegen ∞ und für $x \downarrow 0$ gegen $-\infty$. Um das zu erreichen, wählen wir als Summanden $-\frac{1}{x}$. Weiter entfernt von der Null (wo der $-\frac{1}{x}$ Summand kaum ins Gewicht fällt) verläuft die Funktion fast linear und ist fallend mit einem Proportionalitätsfaktor um die $-\frac{1}{2}$. Zeichnet man tatsächlich eine Linie mit Steigung $-\frac{1}{2}$ zwischen die beiden Kurven, so schneidet diese die y-Achse bei etwa -1. Wir wählen daher als Funktion $f(x) = -\frac{1}{2}x - \frac{1}{x} - 1$ und können überprüfen, dass diese Funktion tatsächlich der Funktion des Graphen entspricht. Der Definitionsbereich für diese Funktion ist $\mathbb{R}\backslash\{0\}$, also die reellen Zahlen ohne die Null, für welche die Funktion nicht definiert ist.

b) Wir suchen für $x < 0$ für ein lokales Minimum und für $x > 0$ ein lokales Maximum. Ableiten liefert

$$f'(x) = -\frac{1}{2} + \frac{1}{x^2} \quad f''(x) = -\frac{2}{x^3}$$

Somit ist $f'(x) = 0$ genau dann, wenn $x^2 = 2$. Wir erhalten als mögliche Extrema $x_- = -\sqrt{2}$ und $x_+ = \sqrt{2}$. Einsetzen in die zweite Ableitung ergibt, dass in der Tat x_- lokales Minimum und x_+ lokales Maximum sind.

11.

Wir ziehen, ohne die Reihenfolge zu beachten, 6 Socken aus 12. Dafür gibt es $\binom{12}{6}$ Möglichkeiten. Um zu berechnen, wie viele Möglichkeiten es gibt, 6 verschiedene Socken zu ziehen, bemerken wir, dass wir in diesem Fall von jedem Paar entweder den linken oder den rechten Socken ziehen müssen, was insgesamt zu 2^6 Möglichkeiten führt. Die Wahrscheinlichkeit erhalten wir, wenn wir die Anzahl günstiger durch die Anzahl möglicher Fälle teilen. Das ergibt

$$\frac{2^6}{\binom{12}{6}} \approx 6{,}9\,\%$$

12.

Wir haben es wieder mit «Ziehen ohne Beachtung der Reihenfolge» zu tun, wobei wir aus «15 Kugeln vier ziehen». Hier gibt es $15 \cdot 14 \cdot 13 \cdot 12$ mögliche Kombinationen an Gesprächspartnern (bzw. $\frac{15!}{(15-4)!}$), also insgesamt $32\,760$.

13.

Es sind 52 Buchstaben in der Suppe, es gibt $\binom{52}{5}$ Möglichkeiten, fünf dieser Buchstaben zu erlöffeln, ohne die Reihenfolge dabei zu beachten. Ohne Beachtung der Reihenfolge bilden davon lediglich zwei Kombinationen das Wort «Igitt», da wir beide I und T benötigen, wir also nur schauen können, welches G wir wählen. Die Wahrscheinlichkeit ist dann

$$\frac{2}{\binom{52}{5}} = \frac{1}{1\,299\,480},$$

die Wahrscheinlichkeit beträgt somit etwa 1 zu 1,3 Millionen.

14.

Wir bestimmen für die Lösung zunächst die ersten beiden Ableitungen mittels Produktregel und Kettenregel:

$$f'(x) = \frac{1}{100}e^{7-x} + \frac{1}{100}x(-1)e^{7-x} = \frac{1}{100}(1-x)e^{7-x}$$

$$f''(x) = -\frac{1}{100}e^{7-x} + \frac{1}{100}(1-x)(-1)e^{7-x} = \frac{1}{100}(x-2)e^{7-x}$$

Die Exponentialfunktion ist immer positiv, somit kann $f'(x) = 0$ nur für $x = 1$ gelten, und tatsächlich gilt $f''(1) = -\frac{1}{100}e^6 < 0$, somit ist der Schmerz zum Zeitpunkt $x = 1$ am höchsten. Einen Wendepunkt haben wir, wenn die zweite Ableitung null ergibt, das ist nur für $x = 2$ der Fall. Hier ändert die Kurve ihr Krümmungsverhalten, das heißt, das Nachlassen des Schmerzes wird langsamer.

Gesellschaft

1.

Für $x = 0$ wissen wir $y = 2693$, somit muss $a = 2693$ sein. Wir wissen, dass $b^6 = 2$ sein muss, damit sich nach sechs Tagen die Anzahl an Verschwörungstheorien verdoppelt. Dies führt zu $b = \log_2 6$.

2.

Um das Bogenmaß zu berechnen, müssen wir den Anteil des Winkels an 360° berechnen und diesen mit dem Umfang des Einheitskreises, 2π, multiplizieren, was $\frac{57}{360} \cdot 2\pi \approx 1$ ergibt.

3.

a) Die innerste Windung hat eine Länge von $2 \cdot 12\,cm \cdot \pi$. Wir suchen r, sodass $2 \cdot r \cdot \pi = 2 \cdot (2 \cdot 12\,cm \cdot \pi)$, also $r = 2 \cdot 12\,cm = 24\,cm$.

b) Die Spule hat einen Durchmesser von 80 cm, somit hat die äußerste Windung eine Länge von $80\,cm \cdot \pi \approx 2{,}5\,m$.

c) Schneiden wir die Spule in der Mitte durch, so erhalten wir einen Kreisring mit Innenradius 12 cm und Außenradius 40 cm. Das ergibt eine Fläche von $\pi((0{,}4\,m)^2 - (0{,}12\,m)^2) \approx 0{,}46\,m^2$.

4.

Täglich vergrößert sich der Kamm um das 1,009-fache, das heißt, nach n Tagen ist er $1{,}009^n$-mal so groß wie zu Beginn. Wir wollen n bestimmen, sodass $1{,}009^n = 2$, also $n = \log_{1{,}009} 2 \approx 77{,}4$. Somit ist der Kamm am 78. Tag aufs Doppelte angeschwollen.

5.

Wir bezeichnen die Geschwindigkeit des Talkshowhosts mit $v_1 = 6\frac{km}{h} = \frac{6}{3{,}6}\frac{m}{s}$ und die Geschwindigkeit des Gastes mit

$v_2 = 7\frac{km}{h} = \frac{7}{3,6}\frac{m}{s}$. Die zurückgelegte Strecke des Hosts zur Zeit t ist dann $v_1 \cdot t$, die vom Gast ist $v_2 \cdot t$. Treffen sie sich zum Zeitpunkt t_0, so gilt

$$v_1 \cdot t_0 = 352\,m - v_2 \cdot t_0$$

$$\Rightarrow t_0 \cdot (v_1 + v_2) = 352\,m$$

$$\Rightarrow t_0 = \frac{352\,m}{v_1 + v_2} = \frac{352\,m}{\left(\frac{6}{3,6} + \frac{7}{3,6}\right)\frac{m}{s}} = \frac{3,6 \cdot 352\,s}{13} \approx 97,48\,s$$

Zu dieser Zeit hat dann der Host eine Strecke von $v_1 \cdot t_0 = 162,5\,m$ und der Gast eine Strecke von $v_2 \cdot t_0 \approx 189,5\,m$ zurückgelegt.

6.

1.) Die Gleichung passt zur Aussage b), denn die Anzahl m an FDPlern mit SUV beträgt dreimal der Anzahl an FDPlern ohne SUV.
2.) Es gibt vier FDPler mehr mit SUV als FDPler ohne SUV.

7.

Nach n Malen hat der Redakteur noch $100 \cdot 0,97^n$ seiner ursprünglichen Selbstachtung. Die Frage ist also, was die kleinste Zahl n ist, für die $100 \cdot 0,97^n \leq 20$ gilt, bzw. $0,97^n \leq \frac{20}{100} = 0,2$. Ausprobieren (oder Logarithmieren zur Basis 0,97) ergibt, dass $n = 53$ die gesuchte Zahl ist. Somit kann er nach 53 Ausgaben, also kurz vor Ende des zweiten Jahres, nicht mehr in den Spiegel sehen.

8.

Es soll $\frac{G \cdot m \cdot M}{r^2} = 20\,N$ gelten. Umstellen und Einsetzen ergibt

$$r = \sqrt{\frac{G \cdot m \cdot M}{20\,000\frac{kg \cdot m}{s^2}}} = \sqrt{\frac{6,673 \cdot 10^{-11}\frac{m^3}{kg \cdot s^2} \cdot 1000\,kg \cdot 5\,000\,000\,kg}{20\frac{kg \cdot m}{s^2}}} \approx 0,13\,m$$

Somit beträgt die Entfernung lediglich 13 cm.

9.

Es gilt $336 = f(1) = 84a$, somit $a = 4$. In der Tat ist $f(2) = 84 \cdot 4^2 = 1344$ und $f(-1) = \frac{84}{4} = 21$, und die Funktionswerte stimmen mit den Werten der Tabelle überein. Wir wollen überprüfen, wann $f(x) < \frac{1}{2}$ gilt, und das letzte solche Jahr als das Jahr nehmen, in dem niemand von Kachelmann als dumm bezeichnet wird. Wir erhalten $84 \cdot 4^x < \frac{1}{2} \Rightarrow 4^x < \frac{1}{168} \Rightarrow x < \log_4 \frac{1}{168} \approx -3{,}7$. Somit ist 2013 das letzte Jahr, in dem er nicht twitterte, sein Diskussionspartner sei dumm.

10.

Das Jahr hat $365 \cdot 24 \cdot 60$ Minuten, wenn sich alle 11 Minuten ein Single verliebt, ergibt das eine Quote von $\frac{365 \cdot 24 \cdot 60 \cdot 11}{4\,528\,394} \approx 1{,}06\,\%$.

11.

Wir erhalten als Graphen:

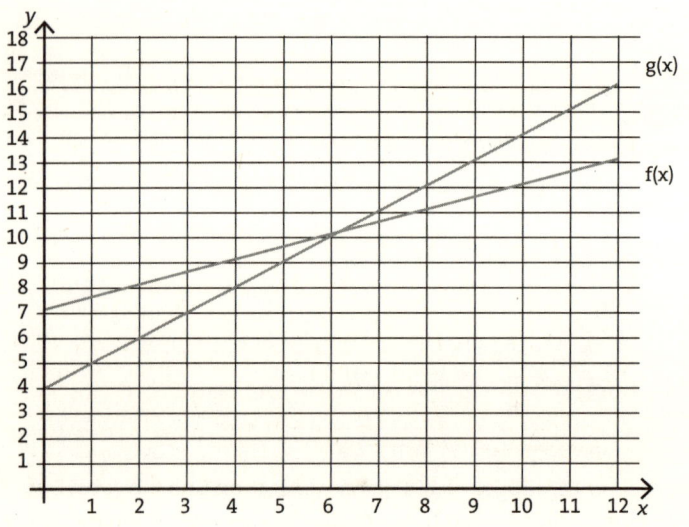

Weiter wollen wir x bestimmen, sodass $f(x) = g(x)$, also $\frac{1}{2}x + 7 = x + 4$ gilt. Dann gilt $7 = \frac{1}{2}x + 4$, also $\frac{1}{2}x = 3$, und der Zeitpunkt ist $x = 6$. Da das Thema «Last Christmas» Mitte Oktober die Oberhand gewinnt, entspricht x in etwa den seit 1. September vergangenen Wochen.

12.

Ist X die Anzahl an Minuten, die wir den Kopf schütteln, so gilt $P(X \in [x, 15-x]) = 1 - P(X < x) - P(X \geq 15-x)$. Es gilt

$$P(X < x) = P(X = 0) + \cdots + P(X = x-1) = \binom{15}{0} \cdot \left(\frac{1}{2}\right)^{15} + \cdots + \binom{15}{x-1} \cdot \left(\frac{1}{2}\right)^{15}$$

$$= \binom{15}{15} \cdot \left(\frac{1}{2}\right)^{15} + \cdots + \binom{15}{15-x+1} \cdot \left(\frac{1}{2}\right)^{15} = P(X > 15-x),$$

Da für den Binomialkoeffizienten gilt $\binom{15}{k} = \binom{15}{15-k}$. Somit erhalten wir

$$P(X \in [x, 15-x]) = 1 - 2 \cdot P(X < x) = 1 - 2 \cdot \left(\binom{15}{0} \cdot \left(\frac{1}{2}\right)^{15} + \cdots + \binom{15}{x-1} \cdot \left(\frac{1}{2}\right)^{15}\right)$$

Dies können wir für x von 0 bis 6 ausrechnen und erhalten die Tabelle

x	0	1	2	3	4	5	6
$P(X \in [x, 15-x])$	1	0,9999	0,9990	0,9926	0,9648	0,8815	0,6982

Somit ist $x = 4$ das Größte x, sodass mindestens 95 % im Intervall liegen. Das bedeutet, dass man zu über 95 % zwischen 4 und 11 Mal den Kopf schüttelt.

13.

a) Der Stammbaum der männlichen Ochsenknechts wächst exponentiell, er verdoppelt sich in jeder Generation und fängt bei 2 an. Somit ist die Anzahl männlicher Ochsenknechts der n-ten Generation 2^n, und jeder Ochsenknecht dieser Generation hat $n + 1$ Vornamen, somit bedarf es $2^n \cdot (n+1)$ Phantasievornamen. Die Zuordnungstabelle ist dann wie folgt:

n	1	2	3	4	5	6	7	8	9	10
Anzahl an Namen	4	12	32	80	192	448	1024	2304	5120	11264

b) Aus der Zuordnungstabelle entnehmen wir, dass es erstmalig in der neunten Generation über 4000 Namen bedarf, somit wird es in der neunten Generation garantiert wieder einen Wilson, Gonzalez, Jimi und Blue geben.

14.

a) Startet er in A, so kann er nach B oder C springen. Von C aus kommt er aber nicht in zwei Sprüngen zu A, weil er in einem Sprung von C nur nach A kann und von A aus nicht zu A springt. Daher ist nur der Sprung nach B relevant. Springt er von dort aus weiter nach A, kann der dritte Sprung nicht nach A gehen, daher bleibt lediglich die Möglichkeit, dass er von B aus weiter nach C springt und der dritte Sprung dann bei A ankommt. Wir wollen also berechnen, wie wahrscheinlich es ist, dass er von A nach B, von B nach C und dann wieder von C nach A springt. Diese Wahrscheinlichkeit entspricht aber gerade $\frac{1}{2} \cdot \frac{1}{3} \cdot 1 = \frac{1}{6}$.

b) Wir erhalten das nebenstehende Baumdiagramm.

Das heißt, die Wahrscheinlichkeit, bei den gegeben Anfangswahrscheinlichkeiten in einem Sprung bei A [bzw. B oder C] zu landen, beträgt $\frac{2}{13} + \frac{4}{13} = \frac{6}{13}$ [bzw. $\frac{3}{13}$ oder $\frac{3}{13} + \frac{1}{13} = \frac{4}{13}$]. Das entspricht nun aber genau wieder unseren Wahrscheinlichkeiten, bei den jeweiligen Positionen zu starten. Somit berechnen sich die Wahrscheinlichkeiten für die Position nach dem zweiten Sprung wie die Wahrscheinlichkeiten für die Position nach dem ersten Sprung: Die Wahrscheinlichkeit, im

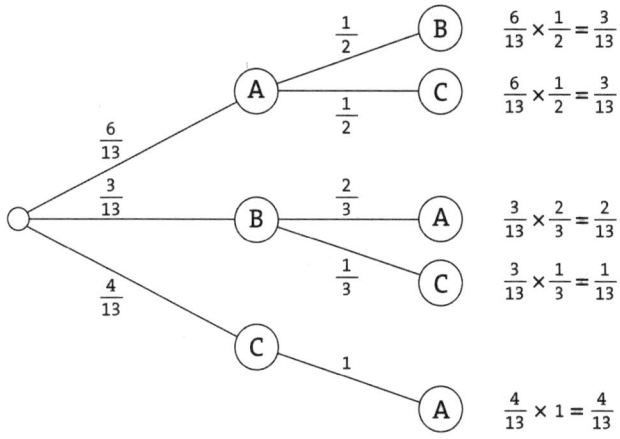

$$\frac{6}{13} \times \frac{1}{2} = \frac{3}{13}$$

$$\frac{6}{13} \times \frac{1}{2} = \frac{3}{13}$$

$$\frac{3}{13} \times \frac{2}{3} = \frac{2}{13}$$

$$\frac{3}{13} \times \frac{1}{3} = \frac{1}{13}$$

$$\frac{4}{13} \times 1 = \frac{4}{13}$$

zweiten Sprung bei B zu landen, wenn wir nach dem ersten Sprung bei A waren, ist wieder $\frac{6}{13} \cdot \frac{1}{2} = \frac{3}{13}$, und auch für die anderen Fälle erhalten wir so die gleichen Wahrscheinlichkeiten, das entsprechende Baumdiagramm sähe also aus wie das vorige. Also entsprechen auch die Wahrscheinlichkeiten, nach dem zweiten Sprung bei A, B bzw. C zu landen, unseren Anfangswahrscheinlichkeiten. Das setzt sich aber natürlich für den dritten, den vierten und alle weiteren Sprünge fort, sodass wir als Wahrscheinlichkeit, nach neun Sprüngen bei C zu sein, eben die Anfangswahrscheinlichkeit $\frac{4}{13}$ haben.

Popkultur

1.

Der Anteil der Haare an der Körpergröße berechnet sich als $0,43/1,87 \approx 23\,\%$.

2.

Wir berechnen die Differenz aus über Pilze erhaltene und durchs Rennen abgebaute Kalorien als $72 \cdot 2 \cdot 1029 - 72 \cdot 5,23 \cdot 82 \approx 117\,298$.

3.

Die Veranstaltung dauert 90 Minuten, das entspricht 5400 Sekunden. Durch die Pointen verliert man also bereits $\frac{5400}{135} = 40$ Punkte. Man muss alle $7,5 \cdot 60 = 450$ Sekunden einen Schnaps trinken, das macht $\frac{5400}{450} = 12$ Schnäpse und einen damit einhergehenden Verlust von $12 \cdot \frac{5}{12} = 5$ IQ Punkten. Somit verliert man in Summe 45 Punkte und beendet den Abend mit einem IQ von 72.

4.

Ist m die Anzahl der Monate, in denen er trainiert hat, so betrug seine Muskelmasse nach dieser Zeit das $1,1^m$-fache der ursprünglichen Masse. Gesucht ist also m mit $1,1^m = 3$. Also musste er $m = \log_{1,1}3 \approx 11,5$ Monate pumpen.

5.

Um den Winkel für ein Stück des Tortendiagramms zu berechnen, müssen wir den Anteil des Vermögens der entsprechenden Person am Gesamtvermögen aller zehn Personen der Liste (286,6 Milliarden Dollar) berechnen. Multiplizieren wir diesen Anteil mit 360°, erhalten wir den gesuchten Winkel. Für Dagobert Duck ergäbe sich zum Beispiel so ein Winkel von $\frac{65,4}{286,6} \cdot 360° \approx 82°$.

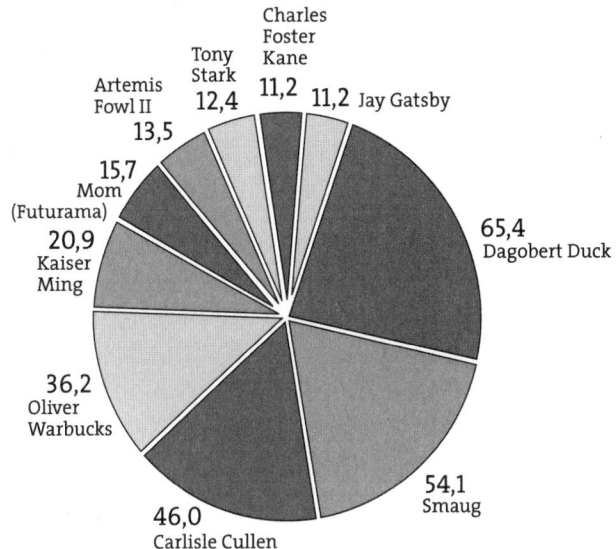

Vermögen in Mrd. $

Charles Foster Kane 11,2
Tony Stark 12,4
Artemis Fowl II 13,5
Jay Gatsby 11,2
15,7 Mom (Futurama)
20,9 Kaiser Ming
65,4 Dagobert Duck
36,2 Oliver Warbucks
54,1 Smaug
46,0 Carlisle Cullen

6.

Wir schreiben *A* für das Ereignis, das erste Spiel zu gewinnen, und *B* für das Ereignis, das zweite Spiel zu gewinnen. Dann können wir die Wahrscheinlichkeit, dass die erste Partie gewonnen wurde, wenn das zweite Spiel gewonnen wurde, als bedingte Wahrscheinlichkeit $P(A|B)$ schreiben. Es gilt

$$P(A|B) = \frac{P(A \cap B)}{P(B)}.$$

Dabei ist $P(A \cap B)$ die Wahrscheinlichkeit, die ersten beiden Spiele zu gewinnen, also 70 % · 50 % = 35 %. $P(B)$ ist die Wahrscheinlichkeit, dass das zweite Spiel gewonnen wird, und berechnet sich als Summe aus der Wahrscheinlichkeit, dass die ersten beiden Partien gewonnen wurden, und der Wahrscheinlichkeit, dass die erste Partie eine Niederlage war und die zweite ein Sieg, also

$$70 \% \cdot 50 \% + (1 - 70 \%) \cdot (1 - 80 \%) = 35 \% + 6 \% = 41 \%.$$

Das ergibt also $P(A|B) = \frac{35 \%}{41 \%} \approx 85 \%$ als Wahrscheinlichkeit, dass die erste Partie gewonnen wurde, wenn die zweite gewonnen wird.

7.

Die Wahrscheinlichkeit, dass ein Buchstabe nicht E, R, N, S, T oder L ist, beträgt 1 − 17,4 % − 7 % − 9,78 % − 7,27 % − 6,15 % − 3,44 % = 48,96 %. Somit beträgt die Wahrscheinlichkeit, dass ein Wort mit fünf Buchstaben keinen ERNSTL-Buchstaben enthält, $(48,96 \%)^5 \approx 2,81 \%$.

8.

Der Schaden am Gesamtumsatz beträgt 0,000 02 · 22 352 636 000 € = 447 052,72 €, das entspricht etwa $\frac{447\,052,72\,€}{0,99\,€} \approx 451\,568$ Hamburgern.

9.

Ist m die Anzahl an Schlümpfen, so gilt

$$\frac{47}{12} = \frac{4m}{1+m} \quad \Rightarrow 47 + 47m = 48m \Rightarrow m = 47.$$

Also leben 47 Schlümpfe und eine Schlumpfine in Schlumpfhausen.

10.

Wir wollen $y \geq R$ in Abhängigkeit von x darstellen. Es gilt $r^2 = x^2 + (y - R)^2$, umformen ergibt $|y - R| = \sqrt{r^2 - x^2}$. Da wir $y \geq R$ fordern, ist der Ausdruck im Betrag nicht negativ, und daher können wir y als

Funktion von x schreiben mit $f(x) = \sqrt{r^2 - x^2} + R$. Fordern wir $y \leq R$, so ist der Ausdruck im Betrag nicht positiv, und wir erhalten $R - y = \sqrt{r^2 - x^2}$, was uns die Zuordnung $g(x) = R - \sqrt{r^2 - x^2}$ liefert. Tatsächlich wird der Ausdruck unter der Wurzel auf dem Definitionsbereich $[-r, r]$ nie negativ. Wir berechnen nun zu beiden Funktionen die Volumen der Rotationskörper:

$$V_1 = \pi \int_{-r}^{r} \big(f(x)\big)^2 dx = \pi \int_{-r}^{r} \Big(\sqrt{r^2 - x^2} + R\Big)^2 dx = \pi \int_{-r}^{r} \Big(r^2 - x^2 + 2R\sqrt{r^2 - x^2} + R^2\Big)dx,$$

$$V_2 = \pi \int_{-r}^{r} \big(g(x)\big)^2 dx = \pi \int_{-r}^{r} \Big(R - \sqrt{r^2 - x^2}\Big)^2 dx = \pi \int_{-r}^{r} \Big(R^2 - 2R\sqrt{r^2 - x^2} + r^2 - x^2\Big)dx,$$

als Differenz erhalten wir also

$$V_1 - V_2 = \pi \int_{-r}^{r} \Big(\big(r^2 - x^2 + 2R\sqrt{r^2 - x^2} + R^2\big) - \big(R^2 - 2R\sqrt{r^2 - x^2} + r^2 - x^2\big)\Big)dx,$$

$$= \pi \cdot 4R \int_{-r}^{r} \sqrt{r^2 - x^2}\, dx,$$

Auf dem Intervall $[-r, r]$ können wir x mit $x = r \cdot \sin(u)$ für $u \in \big[-\frac{\pi}{2}, \frac{\pi}{2}\big]$ substituieren und erhalten

$$V_1 - V_2 = \pi \cdot 4R \int_{-\frac{\pi}{2}}^{\frac{\pi}{2}} \sqrt{r^2 - \big(r \cdot \sin(u)\big)^2}\, \big(r \cdot \cos(u)\big)du$$

$$= \pi \cdot 4Rr^2 \int_{-\frac{\pi}{2}}^{\frac{\pi}{2}} \sqrt{1 - \sin(u)^2}\cos(u)du \qquad = \pi \cdot 4Rr^2 \int_{-\frac{\pi}{2}}^{\frac{\pi}{2}} \cos^2(u)du,$$

wobei wir im letzten Schritt den trigonometrischen Pythagoras genutzt haben. Wir können diesen ein weiteres Mal anwenden und erhalten dann durch partielle Integration

$$\int_{-\frac{\pi}{2}}^{\frac{\pi}{2}} \cos^2(u)du = \int_{-\frac{\pi}{2}}^{\frac{\pi}{2}} \big(1 - \sin^2(u)\big)du = \pi - \int_{-\frac{\pi}{2}}^{\frac{\pi}{2}} \sin(u) \cdot \sin(u)du$$

$$= \pi + \big[\sin(u)\cos(u)\big]_{-\frac{\pi}{2}}^{\frac{\pi}{2}} - \int_{-\frac{\pi}{2}}^{\frac{\pi}{2}} \cos^2(u)du = \pi - \int_{-\frac{\pi}{2}}^{\frac{\pi}{2}} \cos^2(u)du,$$

da $\cos\big(-\frac{\pi}{2}\big) = \cos\big(\frac{\pi}{2}\big) = 0$. Stellen wir um, so folgt $\int_{-\frac{\pi}{2}}^{\frac{\pi}{2}} \cos^2(u)du = \pi/2$, und Homer erhält für das Volumen des Universums die Formel $V_1 - V_2 = 2\pi^2 R r^2$.

11.

Wir haben

$$f(x) = \begin{cases} x, \text{ falls } x \in [0,1] \\ x - 2x + 2 = 2 - x, \text{ falls } x \in [1,2] \\ 2 - x + 2x - 4 = -2 + x, \text{ falls } x \in [2,3] \end{cases}$$

als Abbildungsvorschrift. Als Graphen erhalten wir.

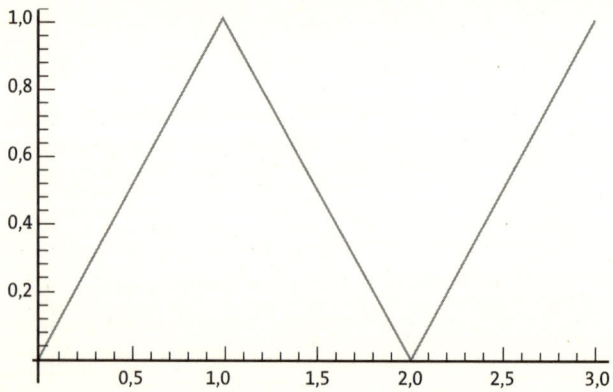

Die Funktion ist stetig, da sie stückweise linear ist und auch an den Stellen $x = 1$, $x = 2$ und $x = 3$ die Werte der verschiedenen Abbildungsvorschriften übereinstimmen (also stimmen dort linksseitiger und rechtsseitiger Grenzwert überein).

12.

Das Fünfeck ist regelmäßig, somit ist das Bestimmungsdreieck ein gleichschenkliges Dreieck mit Schenkellänge 1 cm, Mittelpunktswinkel $\frac{360°}{5} = 72°$ und halben Innenwinkeln $\frac{108°}{2} = 54°$.

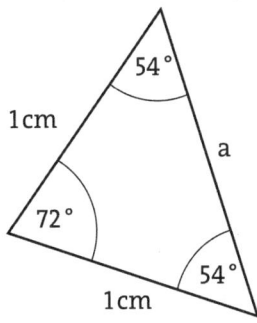

Wir berechnen a über den Sinussatz und erhalten $a = \frac{\sin(72°)}{\sin(54°)} \cdot 1\,cm$. Damit können wir nun die Seitenlängen einer Sternzacke berechnen:

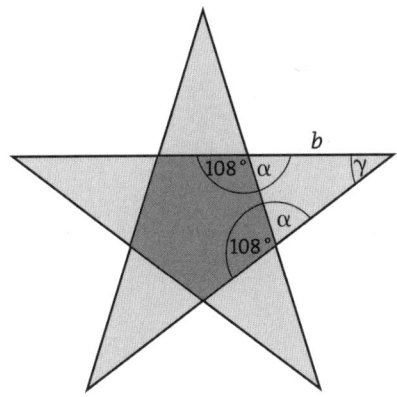

Man erkennt, dass eine Zacke ein gleichschenkliges Dreieck ist. Wir erhalten $\alpha = 180° - 108° = 72°$ und $\gamma = 180° - (72° + 72°) = 36°$. Wieder mit dem Sinussatz folgt also $b = \frac{\sin(72°)}{\sin(36°)} \cdot a = \frac{\sin(72°)^2}{\sin(54°) \cdot \sin(36°)} \cdot 1\,cm$. Die Zacken sind alle kongruent (nutze zum Beispiel WSW), man erhält also als Umfang $10 \cdot b \approx 19\,cm$.

13.

Eine vollständige Drehung entspricht 360°, somit berechnet sich die Anzahl an Drehungen als

$$\frac{960°}{360°} = \frac{5}{2}$$

Also dreht er sich zweieinhalbmal um die eigene Achse.

14.

Wir bezeichnen mit l, r, d und m die entsprechende Coolness von Leonardos Samuraischwert, Raphaels Messer, Donatellos Schlagstock und Michelangelos Nunchakus. Dann gilt

$$l = \frac{5}{7}r = \frac{5}{7} \cdot \frac{9}{13}d = \frac{5}{7} \cdot \frac{9}{13} \cdot \frac{4}{9}m.$$

Kürzen und ausmultiplizieren ergibt $l = \frac{20}{91}m$, also $m = \frac{91}{20}l = 4{,}55\,l$, also sind Michelangelos Nunchakus mehr als viereinhalbmal so cool wie Leonardos Samuraischwert.

Musik

1.

Gehen wir von einer gewissen Planungssicherheit aus, so können wir annehmen, dass diese 7,5 kg gleichmäßig auf die 30 Tage aufgeteilt gewesen wären. Somit hätten sie zusammen nach 3/5 der Tour $\frac{3}{5} \cdot 7,5\,kg = \frac{3}{5} \cdot \frac{15}{2}\,kg = \frac{9}{2}\,kg = 4,5\,kg$ verbraucht, jeder einzelne der neun also $\frac{4500g}{9} = 500\,g$.

2.

$36 \cdot \frac{5}{6} = 5 \cdot \frac{36}{6} = 5 \cdot 6 = 30$ Wörter hat sie sich gemerkt, die verbliebenen sechs singt sie falsch.

3.

Insgesamt hat er $0,002 \cdot 3500 = 7$ Fledermäusen den Kopf abgebissen, allerdings sollte er sich im Durchschnitt nur an 63 % davon erinnern, also etwa $7 \cdot 0,63 \approx 4$-mal.

4.

Mit etwas Knobeln und Ausprobieren kann man auf die Vermutung kommen, dass

$$1 + 2 + \cdots + n = \frac{n \cdot (n+1)}{2}$$

gilt (z.B. $1 + 2 + 3 + 4 = (1 + 4) + (2 + 3) = 5 + 5 = \frac{4}{2} \cdot 5 = \frac{4 \cdot (4+1)}{2}$). Dies wollen wir nun allgemeiner per Induktion beweisen. Die Idee ist hierbei die folgende: Wir zeigen, dass die Formel für eine Zahl $n + 1$ gilt, wenn sie schon für n gilt. Das heißt, gilt die Formel für 1, so gilt sie auch für 2, es folgt, dass die Formel für 3 gilt, und das Ganze setzt sich dann beliebig fort. Nehmen wir also an, die Gültigkeit der Formel wurde für die natürliche Zahl n bereits gezeigt. Dann würde gelten

$$1 + 2 + \cdots + n + (n+1) = (1 + 2 + \cdots + n) + (n+1)$$

$$= \frac{n \cdot (n+1)}{2} + (n+1) = \left(\frac{n}{2} + 1\right) \cdot (n+1) = \left(\frac{n+2}{2}\right) \cdot (n+1)$$

$$= \frac{(n+1) \cdot ((n+1)+1)}{2}$$

was der Summenformel für $n+1$ entspricht. Da die Formel nun offensichtlich für $n+1$ richtig ist, setzt sich das wie oben beschrieben für beliebige natürliche Zahlen n fort. Insbesondere gilt

$$1 + 2 + \cdots + 99 = \frac{99 \cdot 100}{2} = 4950.$$

5.

Wir haben $\frac{1}{5} = f(0) = ae^{0b} = a$ und somit $\frac{4}{5} = f(2) = \frac{1}{5}e^{2b}$. Multiplizieren wir beide Seiten mit 5, erhalten wir $e^{2b} = 4$, also $2b = \ln(4)$, und wir erhalten schließlich $b = \frac{1}{2}\ln(4) = \ln(4^{\frac{1}{2}}) = \ln(2)$.

6.

a)

Für Angebot A gilt		Für Angebot B gilt		Für Angebot C gilt	
Anzahl	Kosten	Anzahl	Kosten	Anzahl	Kosten
1	10 000 €	1	9 000 €	1	11 000 €
2	20 000 €	2	18 000 €	2	21 450 €
3	30 000 €	3	27 000 €	3	31 377,50 €
4	40 000 €	4	36 000 €	4	40 808,63 €
5	40 000 €	5	45 000 €	5	49 768,19 €
6	48 000 €	6	54 000 €	6	58 279,78 €
7	56 000 €	7	63 000 €	7	66 365,79 €
8	64 000 €	8	72 000 €	8	74 047,51 €

b) Wäre die erste Zuordnung proportional, wäre der Proportionalitätsfaktor 10 000. Allerdings gilt $5 \cdot 10\,000 = 50\,000$, der 5 werden allerdings 40 000 € zugewiesen. Somit kann A nicht proportional sein.

B ist proportional mit Faktor 9000.

Wäre C proportional, müsste 11 000 Proportionalitätsfaktor sein, dann müssten zwei Songs aber 22 000 € kosten, was sie nicht tun.

c) Schreiben wir die einzelnen Angebotspreise formal auf, erhalten wir für $n \geq 5$ (damit wir bei A auch den Rabatt erhalten)

$$A(n) = 80\,\% \cdot (10\,000\,€ \cdot n) = 8000\,€ \cdot n$$

$$B(n) = 9000\,€ \cdot n$$

$$C(n) = 11\,000\,€ \cdot \frac{1 - 0{,}95^n}{0{,}05}$$

C ist für weniger als fünf Songs immer teurer als A, B ist für mehr als fünf Songs teurer als A. Daher interessiert uns, wann C billiger als A wird (denn es braucht hierfür mehr als fünf Songs, und dann ist es auch automatisch günstiger als B). Wir suchen $n \geq 5$ mit

$$C(n) \leq A(n)$$

$$11\,000\,€ \cdot \frac{1 - 0{,}95^n}{0{,}05} \leq 8000\,€ \cdot n$$

Dies ist erstmalig der Fall für $n = 15$. Somit muss das neue Album 15 Songs beinhalten.

7.

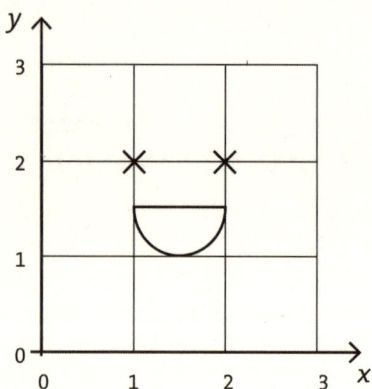

8.

Das Volumen eines Zylinders entspricht Höhe mal Grundfläche. Mit der Formel für die Kreisfläche folgt

$$V = h \cdot \pi r^2 = 4dm \cdot \pi \cdot (0{,}798dm)^2 \approx 8dm^3 = 8l.$$

Somit muss man 8 Liter trinken.

9.

a) Wir suchen $x > 0$, sodass für die Parabel $y = 0$ gilt. Dies ist die Entfernung, für welche der Strahl den Boden erreicht. Es gilt

$$-\frac{3}{20}(x+2)^2 + 5x + 2 = 0$$

$$\Leftrightarrow (x+2)^2 - \frac{100}{3}x - \frac{40}{3} = 0$$

$$\Leftrightarrow x^2 + 4x + 4 - \frac{100}{3}x - \frac{40}{3} = 0$$

$$\Leftrightarrow x^2 - \frac{88}{3}x - \frac{28}{3} = 0$$

Jetzt können wir die pq-Formel anwenden und erhalten

$$x_{1,2} = \frac{44}{3} \pm \sqrt{\left(\frac{44}{3}\right)^2 + \frac{28}{3}} \; .$$

Somit ist $x_1 \approx 29{,}6$ und $x_2 \approx -0{,}3$. Somit erreicht der Strahl den Boden erstmalig bei 29,6 Metern.

b) Schreiben wir unsere Parabelformel um, erhalten wir

$$y = -\frac{3}{20}x^2 - \frac{3}{5}x - \frac{3}{5} + 5x + 2 = -\frac{3}{20}x^2 + \frac{22}{5}x + \frac{7}{5}.$$

Dies wollen wir nun in Scheitelform bringen, also in die Form $a(x-d)^2 + c$. Wir wissen, dass $a = -\frac{3}{20}$ gelten muss und $-2ad = \frac{22}{5}$. Daraus folgt

$$d = \frac{22}{5} : (-2a) = \frac{22}{5} : \left(\frac{3}{10}\right) = \frac{44}{3}.$$

Insgesamt gilt also $y = a(x-d)^2 + c = -\frac{3}{20}x^2 + \frac{22}{5}x + ad^2 + c$, somit folgt

$$c = \frac{7}{5} - ad^2 = \frac{7}{5} + \frac{3}{20} \cdot \left(\frac{44}{3}\right)^2 + \frac{7}{5} + \frac{44^2}{20 \cdot 3} = \frac{7}{5} + \frac{22 \cdot 44}{10 \cdot 3} = \frac{7}{5} + \frac{968}{30} = \frac{1010}{30} = \frac{101}{3}.$$

Somit haben wir die Sattelform der Parabel als $y = -\frac{3}{20}\left(x - \frac{44}{3}\right)^2 + \frac{101}{3}$ ermittelt. Die Parabel ist nach unten geöffnet, der Sattelpunkt ist (d, c), und die Parabel ist somit bei c am höchsten mit Höhe $d = \frac{101}{3} \approx 33{,}7$ Meter.

c) Wir setzen $x = 25$ ein und erhalten $y = -\frac{3}{20} \cdot 27^2 + 5 \cdot 25 + 2 = 17{,}65$. Also trifft er die Anlage in 17,65 Metern Höhe.

10.

Da die Gitarre symmetrisch ist, reicht es, den Flächeninhalt der unteren Hälfte zu berechnen:

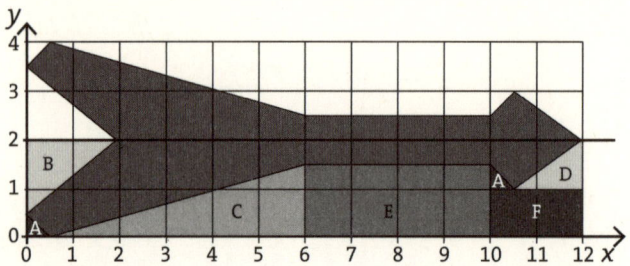

Wir betrachten dazu das $2\,dm \cdot 12\,dm = 24\,dm^2$ große Rechteck unterhalb der Symmetrieachse. Wenn wir hiervon die Inhalte der markierten Rechtecke beziehungsweise rechtwinkligen Dreiecke abziehen, erhalten wir den Flächeninhalt der unteren Gitarrenhälfte. Wir berechnen die einzelnen Inhalte

- Dreiecke A: $\dfrac{0{,}5\,dm \cdot 0{,}5\,dm}{2} = 0{,}125\,dm^2$
- Dreieck B: $\dfrac{1{,}5\,dm \cdot 2\,dm}{2} = 1{,}5\,dm^2$
- Dreieck C: $\dfrac{5{,}5\,dm \cdot 1{,}5\,dm}{2} = 4{,}125\,dm^2$
- Dreieck D: $\dfrac{1{,}5\,dm \cdot 1\,dm}{2} = 0{,}75\,dm^2$
- Rechteck E: $2\,dm \cdot 4\,dm = 8\,dm^2$
- Rechteck F: $1\,dm \cdot 2\,dm = 2\,dm^2$

Summieren wir die einzelnen Flächeninhalte (wobei wir zweimal den Inhalt des Dreieck A addieren müssen), ergibt das eine Fläche von $16{,}625\,dm^2$, die wir abziehen müssen. Somit hat die Gitarre einen Flächeninhalt von $2 \cdot (24\,dm^2 - 16{,}625\,dm^2) = 14{,}75\,dm^2$.

11.

Gesucht ist der Zeitpunkt t mit $1{,}09^t > 2$. Somit berechnen wir $t > \log_{1{,}09} 2 \approx 8{,}04$. Daher ist der Song beim achten Mal etwa doppelt so geil wie beim ersten Mal hören.

12.

Der Strahlensatz liefert uns, dass die Strecke $\frac{5+2}{2} \cdot 1{,}5 = \frac{21}{4} = 5{,}25$ Meter lang sein muss.

13.

Der Hitmix dauert $9 \cdot 60 + 27 = 567$ Sekunden. Da unser Ausschnitt zehn Sekunden lang sein soll, können wir lediglich zur ersten bis zur 557. Sekunde einschalten. Wir hören in die furchtbare Stelle rein, wenn wir zwischen 5:29 und 5:42 einschalten, das macht 14 mögliche Sekunden. Somit ist die Wahrscheinlichkeit $\frac{14}{557} \approx 2{,}5\,\%$.

14.

Wenn wir die Anzahl an Songs, die wir hören müssen, bis erstmalig ein gutes Lied läuft, mit X bezeichnen, so wissen wir, dass X zwischen 0 und 7 liegen muss, 0 falls gleich der erste Song gut war, 7 wenn die ersten sieben Songs nicht gut waren, weshalb der achte einer der guten sein muss. Für n zwischen 0 und 7 erhalten wir also $P(X=0) = \frac{3}{10}$, $P(X=1) = \frac{7}{10} \cdot \frac{3}{9} = \frac{7}{30}$ (der erste Song ist mit Wahrscheinlichkeit $\frac{7}{10}$ schlecht, der zweite dann mit Wahrscheinlichkeit $\frac{3}{9}$ gut), $P(X=2) = \frac{7}{10} \cdot \frac{6}{9} \cdot \frac{3}{8} = \frac{7}{40}$, $P(X=3) = \frac{7}{10} \cdot \frac{6}{9} \cdot \frac{5}{8} \cdot \frac{3}{7}$, ..., $P(X=7) = \frac{7}{10} \cdot \frac{6}{9} \cdot \frac{5}{8} \cdot \frac{4}{7} \cdot \frac{3}{6} \cdot \frac{2}{5} \cdot \frac{1}{4} \cdot \frac{3}{3} = \frac{1}{120}$. Wir erhalten als erwartete Anzahl

$$0 \cdot P(X=0) + 1 \cdot P(X=1) + 2 \cdot P(X=2) + 3 \cdot P(X=3) + \cdots + 7 \cdot P(X=7)$$

$$= 1 \cdot \frac{7}{30} + 2 \cdot \frac{7}{40} + 3 \cdot \frac{1}{8} + 4 \cdot \frac{1}{12} + 5 \cdot \frac{1}{20} + 6 \cdot \frac{1}{40} + 7 \cdot \frac{1}{120} = \frac{7}{4} = 1{,}75.$$

Also muss man im Mittel etwas weniger als zwei Songs hören, bis der erste gute läuft.

Sport

1.

Wir bezeichnen die Anzahl an «Ähs» pro zehn Minuten Interview nach n Jahren mit $x(n)$. Es gilt $x(n) = 0{,}93 \cdot x(n-1)$, also $x(n) = 0{,}93^n \cdot 74$. Wir wollen das kleinste n bestimmen, sodass $x(n) \leq \frac{1}{2}$. Somit betrachten wir $\log_{0{,}93} \frac{1}{2 \cdot 74} \approx 68{,}86$. Also etwa 69 Jahre nach seinem ersten Interview, im Alter von 86 Jahren, wird er durchschnittlich weniger als einmal «äh» pro zwanzig Minuten sagen.

2.

Bei Option a) erhielte die Exfrau jeden Monat das $\frac{3}{2}$-fache des bisher gezahlten Geldes, bei einem Startwert von 4 Euro wären das nach 24 Monaten $4 \, € \cdot \left(\frac{3}{2}\right)^{24} \approx 67\,336{,}45 \, €$. Bei Option b) wären wir bei $15\,000 \, € + 24 \cdot 1500 \, € = 51\,000 \, €$, somit sollte er sich für diese Option entscheiden.

3.

a) Nach 200 Tagen sind noch 37 der 100 Sicherungen ganz, somit liegt die Wahrscheinlichkeit, dass eine Sicherung in dieser Zeit durchbrennt bei $1 - \frac{37}{100} = 63\,\%$.

b) Nach 300 Tagen sind noch 19 Sicherungen nicht durchgebrannt. Für $t = 0$ berechnen wir ähnlich wie in Aufgabe a) $\frac{74}{100} = 74\,\%$ als Wahrscheinlichkeit, dass eine Sicherung in den ersten hundert Tagen nicht durchbrennt. Nach $t = 100$ Tagen sind noch 74 Sicherungen in Takt, hundert Tage später noch 37, somit beträgt die Wahrscheinlichkeit, dass eine Sicherung zwischen diesen Zeitpunkten durchbrennt $\frac{37}{74} = 50\,\%$. Schließlich berechnen wir die Wahrscheinlichkeit, dass eine zum Zeitpunkt $t = 200$ ganze Sicherung in den folgenden Tagen durchbrennt, mit $\frac{19}{37} \approx 51{,}35\,\%$.

4.

Wir berechnen das Volumen $V = \pi \int_0^3 \big(f(x)\big)^2 dx$:

$$V = \pi \int_0^3 \frac{1}{4} x \cdot (x-3) \cdot (x-5) dx = \frac{\pi}{4} \int_0^3 x \cdot (x^2 - 8x + 15) dx$$

$$= \frac{\pi}{4} \int_0^3 (x^3 - 8x^2 + 15x) dx$$

$$= \frac{\pi}{4} \left[\frac{1}{4} x^4 - \frac{8}{3} x^3 + \frac{15}{2} x^2 \right]_0^3 = \frac{\pi}{4} \left(\frac{81}{4} - 72 + \frac{135}{2} \right) = \pi \cdot \frac{63}{16} \approx 12{,}37$$

5.

Wir ziehen Andre Agassi mit einer Wahrscheinlichkeit von $\frac{1}{26}$, Steffi Graf mit $\frac{1}{27}$. Dass beide gezogen werden, hat dann eine Wahrscheinlichkeit von $\frac{1}{26} \cdot \frac{1}{27} = \frac{1}{702} \approx 0{,}14\,\%$.

6.

a) Unsere Funktion besteht aus zwei Faktoren. Somit können wir die Produktregel und für den zweiten Faktor die Kettenregel anwenden und erhalten

$$f'(x) = 2x \cdot (1-x)^6 + x^2 \cdot (-1) \cdot 6(1-x)^5$$
$$= 2x \cdot (1-x)^5 \cdot (1-x) - 2x \cdot (1-x)^5 \cdot 3x$$
$$= 2x \cdot (1-x)^5 \cdot (1-x-3x).$$

Das ist die gesuchte Ableitung, und tatsächlich ist für $x_0 = \frac{1}{4}$ der letzte Faktor gleich null, somit gilt für das Produkt $f'(x_0) = 0$.
Formen wir die Ableitung weiter um, erhalten wir

$$f'(x) = (2x - 8x^2) \cdot (1-x)^5.$$

Erneutes Anwenden von Produktregel und Kettenregel liefert

$$= 2 \cdot (1 - 8x) \cdot (1 - x) \cdot (1 - x)^4 - 2 \cdot (x - 4x^2) \cdot 5 \cdot (1 - x)^4$$
$$= 2 \cdot (1 - x)^4 \cdot \big((1 - 8x) \cdot (1 - x) - 5 \cdot (x - 4x^2)\big)$$
$$= 2 \cdot (1 - x)^4 \cdot (1 - 9x + 8x^2 - 5x + 20x^2)$$
$$= 2 \cdot (1 - x)^4 \cdot (28x^2 - 14x + 1).$$

Somit folgt

$$f''(x_0) = 2 \cdot \left(\frac{3}{4}\right)^4 \cdot \left(\frac{28}{4^2} - \frac{14}{4} + 1\right) = -\frac{243}{512} < 0,$$

also ist x_0 tatsächlich eine Maximalstelle.

b) Wir wollen $\int_0^1 f(x)dx$ berechnen und substituieren x mit $1 - u$. Dies ergibt das Integral

$$\int_1^0 -1 \cdot f(1 - u)du = \int_0^1 f(1 - u)du = \int_0^1 (1 - u)^2 u^6 du = \int_0^1 (1 - 2u + u^2)u^6 du$$

$$= \int_0^1 u^6 - 2\int_0^1 u^7 + \int_0^1 u^8 du = \left[\frac{1}{7}u^7\right]_0^1 - 2\left[\frac{1}{8}u^8\right]_0^1 + \left[\frac{1}{9}u^9\right]_0^1 = \frac{1}{7} - \frac{1}{4} + \frac{1}{9} = \frac{1}{252}.$$

(Anm.: Die Beta-Funktion ist definiert als $B(a, b) = \int_0^1 x^{a-1}(1 - x)^{b-1}dx$. Somit haben wir gerade $B(3, 7)$ ausgerechnet.)

7.

Während der Bauphase vergehen $10 \cdot 12 + 10 = 130$ Monate. Pro Monat muss ein Lohn von $150\,€ \cdot 1\,500\,000 = 225\,000\,000\,€$ gezahlt werden, macht insgesamt $130 \cdot 225\,000\,000\,€ = 29{,}25$ Milliarden $€$ Lohnkosten. Somit liegt der Anteil der Lohnkosten an den gesamten Baukosten bei $\frac{29{,}25}{185} = 15{,}8\,\%$.

8.

a) Gesucht ist die Anzahl an benötigten Infusionen n. Es gilt $60\% = 52\% \cdot (1{,}014)^n$, also $(1{,}014)^n = \frac{60}{52}$, somit $n = \log_{1{,}014}\left(\frac{60}{52}\right) \approx 10{,}29$. Somit bedarf es 11 Infusionen, um über die 60 % zu kommen.

b) Hier erhalten wir die Gleichung $60\% = 52\% + 1{,}4\% \cdot n$, also $n = \frac{60\% - 52\%}{1{,}4\%} = \frac{40}{7} \approx 5{,}71$, somit bräuchte er hier 6 Infusionen.

9.

Wir haben hier eine Parabel in Scheitelpunktform, welche wir mit einer Parabelschablone zeichnen können. Der Scheitelpunkt ist dabei (1,4), somit erhalten wir als Bild

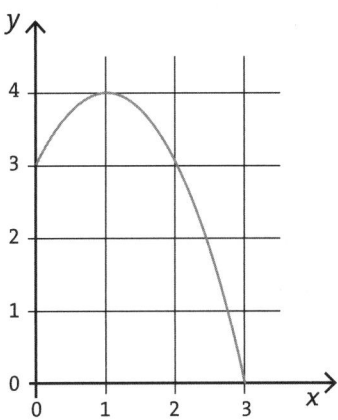

10.

Um das Tortendiagramm zu berechnen, müssen die Winkel für die einzelnen Kreisstücke berechnet werden. Das ergibt zum Beispiel für die Frisur einen Winkel von $32\% \cdot 360° = 115{,}2°$ oder für das Stirnband $13\% \cdot 360° = 46{,}8°$. Haben wir alle Winkel berechnet, erhalten wir als Diagramm

Coolness

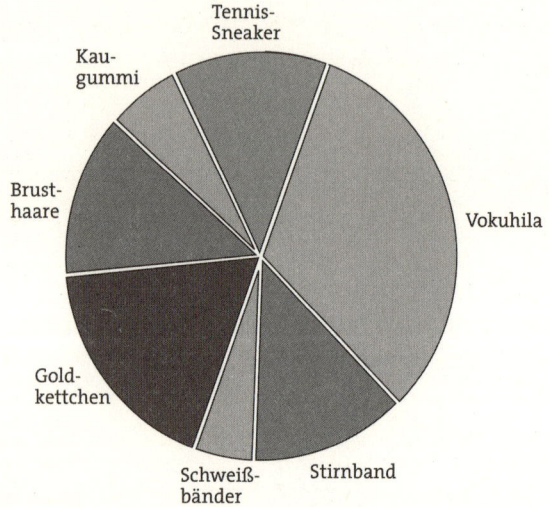

11.

Es verbleiben $100\% - 12{,}3\% = 87{,}7\%$ der ursprünglichen Fläche, das macht $87{,}7\% \cdot 17{,}6\,cm^2 \approx 15{,}4\,cm^2$.

12.

Cantona legt 14 Meter in 1,72 Sekunden zurück, das macht eine Geschwindigkeit von $v = \frac{14\,m}{1{,}72\,s} \approx 8{,}14\,\frac{m}{s}$. Die Formel für kinetische Energie ist $E_{Kin} = \frac{1}{2}mv^2$, somit beträgt die kinetische Energie $\frac{1}{2}88\,kg \cdot v^2 \approx 2915{,}09\,J$ (Joule).

13.

Gesucht ist das kleinste gemeinsame Vielfache von 3, 6, und 8. Als Primfaktorzerlegungen erhalten wir 3, $2 \cdot 3$ und $2 \cdot 2 \cdot 2$, also gilt $kgV(3,6,8) = 3 \cdot 2 \cdot 2 \cdot 2 = 24$.

14.

Wir bezeichnen mit x die Anzahl an erfolgreichen Freiwürfen, mit y die Anzahl an versenkten 2-Punkte-Würfen und mit z die Anzahl an verwandelten 3-Punkte-Würfen. Dann gilt

$$x + 2y + 3z = 156$$
$$x + y + z = 97$$
$$x = y.$$

Ersetzen wir also y in den beiden ersten Gleichungen durch x, erhalten wir

$$3x + 3z = 156$$
$$2x + z = 97 \Rightarrow z = 97 - 2x.$$

Einsetzen in die obere Gleichung liefert

$$3x + 3(97 - 2x) = 156 \Rightarrow 3x + 291 - 6x = 156 \Rightarrow -3x = -135.$$

Also gilt $x = 45$ und somit auch $y = 45$ sowie $z = 97 - 2x = 97 - 2 \cdot 45 = 7$.

Film und Fernsehen

1.

Zunächst schöpfen wir 3 Gallonen aus dem Brunnen und füllen sie dann weiter um in den 5-Gallonen-Kanister. Dann schöpfen wir wieder 3 Gallonen und füllen diese so lange in den größeren Kanister um, bis dieser voll ist. Den großen Kanister leeren wir komplett und füllen ihn mit der verbliebenen Gallone aus dem kleinen Kanister. Jetzt müssen wir ein letztes Mal drei Gallonen abschöpfen und diese in den großen umfüllen, dann befinden sich in letzterem genau vier Gallonen.

2a.

a) Vom ersten zum zweiten Film haben wir 5700 % mehr Tote, vom zweiten zum dritten $\frac{78}{58} - 100\,\% \approx 34{,}5\,\%$ und vom dritten zum vierten Teil $\frac{83}{78} - 100\,\% \approx 6{,}4\,\%$.

2b.

b) Die Wahrscheinlichkeit, dass er eine einzelne Taste richtig drückt, liegt bei 87 %, somit liegt die Wahrscheinlichkeit, dass er drei Tasten hintereinander richtig eingibt, bei $0{,}87^3 \approx 65{,}9\,\%$.

3.

Zum Ende seiner Karriere wird Hallervorden $4 \cdot 80 \cdot 50 = 16\,000$ gute Gags gemacht haben.

4.

$\frac{0{,}1 \cdot 75\,200\,g}{0{,}8\,g} = 9400$, somit bräuchte er 9400 Tage dafür. Es gilt $\frac{9400}{365} = 25$ Rest 275, somit können wir abschätzen, dass über 25 Jahre vergehen. Wir berechnen nun, wie viele Tage vom 02.12.1982 bis zum 01.01.2008 vergehen. Vom 02.12.1982 bis zum 31.12.1982 sind 30 Tage. Von den Jahren 1983 bis einschließlich dem Jahr 2007 sind 1984, 1988, 1992, 1996, 2000 und 2004 Schaltjahre, das heißt, von den 25 Jahren haben sechs einen Tag mehr, und wir erhalten für diesen Zeitraum eine Zahl von $25 \cdot 365 + 6 = 9131$ Tagen. Somit sind am 01.01.2008 $9131 + 30 = 9161$ Tage vergangen. Also müssen wir noch herausfinden, welches Datum Tag $9400 - 9161 = 239$ des Jahres 2008 ist. Januar bis einschließlich Juli haben (im Schaltjahr!) $31 + 29 + 31 + 30 + 31 + 30 + 31 = 213$ Tage, somit hat er am 26. September 2008 ein Zehntel seines Körpergewichts in Form von Kokain zu sich genommen.

5.

Um den Abstand x zu bestimmen, können wir den Kosinussatz nutzen. Dann gilt

$$x = \sqrt{(3,2\,km)^2 + (6,7\,km)^2 - 2 \cdot 3,2\,km \cdot 6,7\,km \cdot \cos(80°)} \approx 6,9\,km.$$

6.

$6,6 \cdot 1,01^x = 10 \Rightarrow 1,01^x = \frac{10}{6,6} \Rightarrow x = \log_{1,01} \frac{10}{6,6} \approx 41,7$. Somit sollte der Film im Jahr 2034 das Rating von 10,0 erreichen.

7.

Die Wahrscheinlichkeit, dass der letzte Satz des ersten Films «I'll be back» ist, beträgt $\frac{1}{17}$, ebenso die Wahrscheinlichkeit, dass dies ebenfalls für den ersten Satz des zweiten Films gilt. Somit ist die Wahrscheinlichkeit, dass beides passiert $\left(\frac{1}{17}\right)^2$. So berechnet man ebenfalls die Wahrscheinlichkeit, dass der zweite Film mit dem Satz endet und der dritte mit diesem beginnt, als $\left(\frac{1}{17}\right)^2$. Also erhalten wir als Wahrscheinlichkeit, dass eins von beidem passiert $2 \cdot \left(\frac{1}{17}\right)^2 \approx 0,69\,\%$.

8.

Nach n Jahren laufen $154 \cdot (6^{1,73})^n = 154 \cdot 6^{n \cdot 1,73}$ Minuten Superhelden-filme im Kino. Wir suchen das kleinste n mit $154 \cdot 6^{n \cdot 1,73} \geq 525\,600$, also $n \cdot 1,73 \geq \log_6 \frac{525\,600}{154} \approx 4,5$, also $n \geq 3$. Nach drei Jahren wird man das ganze Jahr ohne Pause unterschiedlich Superheldenfilme gucken können.

9.

Der Sinus ist stets kleiner oder gleich 1, also gilt $x_n \leq \frac{1}{n} \cdot 1 - \frac{1}{n} = 0$. Weiter gilt, dass das Produkt einer gegen null konvergierenden Folge und einer beschränkten Folge gegen null konvergiert, also $\lim\limits_{n \to \infty} \frac{1}{n} \sin(n) = 0$. Da $\frac{1}{n}$ ebenfalls gegen null geht, geht auch die Differenz der beiden Folgen gegen null.

10.

Die Statue hat ein Gewicht von $(8 \cdot 12 \cdot 18)\,cm^3 \cdot 19,29\frac{g}{cm^3} \approx 33,33\,kg$, während der Beutel Sand eine Masse von $(10 \cdot 10 \cdot 15)\,cm^3 \cdot 1,7\frac{g}{cm^3} = 2,55\,kg$ hat, was in etwa einem Dreizehntel des Gewichts der Statue entspricht.

11.

Sei c die Lichtgeschwindigkeit, $t = 3\,149\,785 \cdot 365 \cdot 24 \cdot 60 \cdot 60\,s$. Dann ist die Entfernung von der Erde zu ETs Heimatplanet gegeben durch $d = c \cdot t$. Die gesamte Zeitverzögerung beträgt $d \cdot 0,000\,000\,02\,s/km \approx 595\,577\,408\,899\,s$, was nach Umrechnen etwa $18\,886$ Jahren entspricht.

12.

Wir haben die Zuordnung $n \to \frac{27}{n}$. Somit gilt

$$3 = \frac{27}{n}$$
$$\Rightarrow 3n = 27$$
$$\Rightarrow n = 9 \,.$$

Somit braucht es neun Di Caprios.

13.

Für «The Machinist» muss er $100\,\% - \frac{55}{84} \approx 34{,}5\,\%$ abnehmen. Um danach auf sein altes Gewicht zu kommen, muss er $\frac{84}{55} - 100\,\% = 52{,}7\,\%$ zunehmen. Für «Vice» muss er dann noch mal $\frac{103}{84} - 100\,\% \approx 22{,}6\,\%$ zunehmen.

14.

Mit verschiedenen Teilbarkeitskriterien erhalten wir

$3080 = 5 \cdot 616 = 5 \cdot 2 \cdot 308 = 5 \cdot 2 \cdot 2 \cdot 154 = 5 \cdot 2 \cdot 2 \cdot 2 \cdot 77 = 5 \cdot 2 \cdot 2 \cdot 2 \cdot 7 \cdot 11$
$693 = 3 \cdot 231 = 3 \cdot 3 \cdot 77 = 3 \cdot 3 \cdot 7 \cdot 11$.

Als größten gemeinsamen Teiler erhalten wir somit $7 \cdot 11 = 77$.

15.

1) Von 1 aus geht keine Kante zur 1, jeweils eine zur 2 und zur 4 und keine zur 3. Von der 2 geht eine Kante zur 1, keine zur 2, zwei zur 3 und eine zur 4. Von der 3 aus geht keine Kante zur 1, zwei Kanten zu 2 und keine Kante zur 3 oder zur 4. Von der 4 aus geht jeweils eine Kante zur 1 und zur 2 und keine Kante zur 3 oder 4. Wir erhalten als Tabelle:

0	1	0	1
1	0	2	1
0	2	0	0
1	1	0	0

b) Wir müssen zählen, wie viele Möglichkeiten es gibt, von der 1 aus drei Kanten zu durchlaufen und wieder bei der 1 zu enden.

Sind wir nach drei Kanten in der 1, so sind wir nach zwei Kanten bei 2 oder 4, da nur diese durch eine Kante mit der 1 verbunden sind. Somit müssen wir zählen, wie viele Möglichkeiten es gibt, nach zwei Kanten in der 2 oder in der 4 zu sein.

Sind wir nach zwei Kanten in der 2, so können wir davor, also nach einem Schritt, nur in der 1, 3 oder der 4 gewesen sein. Da wir aber in 1 starten, können wir nicht eine Kante durchlaufen und bei 1 oder 3 landen, somit müssen wir nach einem Schritt bei 4 sein. Also gibt es nur eine Möglichkeit, nach Durchlaufen zweier Kanten bei 2 zu landen.

Sind wir nach zwei Kanten in der 4, so müssen wir nach einem Schritt bei 1 oder 2 sein, da wir 1 ausschließen können, müssen wir nach einem Schritt in der 2 sein. Somit gibt es auch nur eine Möglichkeit, nach zwei Schritten bei 4 zu sein.

Insgesamt macht das zwei mögliche Wege, nämlich $1 \rightarrow 4 \rightarrow 2 \rightarrow 1$ und $1 \rightarrow 2 \rightarrow 4 \rightarrow 1$.

c) Wir schreiben

$$A = \begin{pmatrix} 0 & 1 & 0 & 1 \\ 1 & 0 & 2 & 1 \\ 0 & 2 & 0 & 0 \\ 1 & 1 & 0 & 0 \end{pmatrix}$$

Wir machen uns klar, welche Information die Matrix $A \cdot A$ liefert. Betrachte hierfür als Beispiel zur Veranschaulichung den Eintrag in der zweiten Zeile und vierten Spalte von $A \cdot A$. Dieser berechnet sich wie folgt: Wir nehmen die zweite Zeile von A und die vierte Spalte von A und multiplizieren die jeweiligen ersten Einträge, zweiten Einträge, dritten Einträge und vierten Einträge miteinander. Die Ergebnisse summieren wir auf. Das ergibt

$$1 \cdot 1 + 0 \cdot 1 + 2 \cdot 0 + 1 \cdot 0 = 1.$$

Überlegen wir uns, dass die Einträge in der zweiten Zeile der Anzahl an Kanten ausgehend vom Knoten 2 und die vierte Spalte die Anzahl der Kanten eingehend beim Knoten 4 angeben, so können wir die Summe interpretieren als «(Anzahl an Kanten von 2 nach 1 × Anzahl an Kanten von 1 nach 4) + (Anzahl an Kanten von 2 nach 2 × Anzahl an Kanten von 2 nach 4) + (Anzahl von Kanten von 2 nach 3 × Anzahl an Kanten von 3 nach 4) + (Anzahl der Kanten von 2 nach 4 × Anzahl der Kanten von 4 nach 4)», was aufsummiert der Anzahl an Möglichkeiten entspricht, in zwei Schritten von 2 nach 4 zu gelangen.

Hat man sich dieses Beispiel klargemacht, so folgt allgemeiner, dass der Eintrag in Zeile i und Spalte j von $A \cdot A$ für die Möglichkeit steht, in zwei Schritten von i nach j zu gelangen. Berechnen wir die Einträge wie die Summe oben, so erhalten wir

$A \cdot A =$

$$\begin{pmatrix} 0\cdot0+1\cdot1+0\cdot0+1\cdot1 & 0\cdot1+1\cdot0+0\cdot2+1\cdot1 & 0\cdot0+1\cdot2+0\cdot0+1\cdot0 & 0\cdot1+1\cdot1+0\cdot0+1\cdot0 \\ 1\cdot0+0\cdot1+2\cdot0+1\cdot1 & 1\cdot1+0\cdot0+2\cdot2+1\cdot1 & 1\cdot0+0\cdot2+2\cdot0+1\cdot0 & 1\cdot1+0\cdot1+2\cdot0+1\cdot0 \\ 0\cdot0+2\cdot1+0\cdot0+0\cdot1 & 0\cdot1+2\cdot0+0\cdot2+0\cdot1 & 0\cdot0+2\cdot2+0\cdot0+0\cdot0 & 0\cdot1+2\cdot1+0\cdot0+0\cdot0 \\ 1\cdot0+1\cdot1+0\cdot0+0\cdot1 & 1\cdot1+1\cdot0+0\cdot2+0\cdot1 & 1\cdot0+1\cdot2+0\cdot0+0\cdot0 & 1\cdot1+1\cdot1+0\cdot0+0\cdot0 \end{pmatrix}$$

$$= \begin{pmatrix} 2121 \\ 1601 \\ 2042 \\ 1122 \end{pmatrix}$$

Somit können wir aus der Matrix ablesen, wie viele Möglichkeiten es gibt, in zwei Schritten von einem zum anderen Knoten zu kommen. Um die b) zu lösen, können wir nun wieder die Einträge der ersten

Zeile von $A \cdot A$ betrachten und diese mit den entsprechenden Einträgen der ersten Spalte von A multiplizieren und alles aufsummieren. Wie oben erhalten wir «(Möglichkeiten, in zwei Schritten von 1 nach 1 zu kommen × Anzahl an Kanten von 1 zu 1) + (Möglichkeiten, in zwei Schritten von 1 nach 2 zu kommen × Anzahl an Kanten von 2 zu 1) + (Möglichkeiten, in zwei Schritten von 1 nach 3 zu kommen × Anzahl an Kanten von 3 zu 1)+ (Möglichkeiten, in zwei Schritten von 1 nach 4 zu kommen × Anzahl an Kanten von 1 zu 4)», also

$$2 \cdot 0 + 1 \cdot 1 + 2 \cdot 0 + 1 \cdot 1.$$

In anderen Worten: Die Lösung von b) entspricht dem ersten Eintrag von $(A \cdot A) \cdot A$. Man kann sich überlegen, dass die Matrixeinträge angeben, wie viele Wege es gibt, über drei Kanten von einem Knoten zum anderen zu gelangen.